KB238273

반도체 제대로 이해하기

교양으로 읽는 반도체 이야기

반도체
제대로
이해하기

강구창 지음

지성사

사랑하는 아내와 두 딸 경모, 인모에게

머리말 _ 노래하는 반도체

“아빠는 회사에서 뭘 해?”

“일하지.”

“무슨 일?”

“반도체 설계.”

“응, 그렇구나. 그런데 반도체가 뭐야?”

몇 년 전 초등학교 2학년인 큰 딸아이가 길을 가다가 갑자기 내게 했던 질문이다. 초등학교 2학년에게, 그것도 갑자기 반도체가 무엇인지 설명하기란 여간 어려운 일이 아니었다. 그 날 난 전자공학을 전공하지 않은 사람들에게 반도체가 무엇인지 설명해 주는 강좌나 책이 우리나라에는 없음을 깨달았다. 반도체에 대한 지적 호기심을 충족시키기 위해서 일반인들이 쉽게 접할 수 있는 신문이나 잡지, 인터넷은 설명이 체계적이지 않고, 너무 짧고 단편적이며, 지나친 비유를 사용하여 실체를 혼동하게 만든다. 아니면 설명이나 용어 자체가 너무 난해하여, 의문 하나를 풀려다가 오히려 더 많은 의문과 궁금증만 잔뜩 떠안기가 십상이다. 그렇다고 어떻게 발음하는지도 모르는 생소한 기호들과 복잡한 수식으로 가득찬 반도체 전문 서적을 읽기는 더욱 엄두가 나지 않을 것이다.

1994년 봄부터 2년 동안 미국 엔지니어들과 프로젝트를 수행하기 위하여 실리콘 밸리로 잘 알려진 캘리포니아 산호세 지역으로 파견 나간 적이 있다. 1년쯤 되어 그곳 생활에 꽤 익숙해졌을 때 회사 근처 대학의 야간 강좌를 신청했다. 수강한 과목은 통신공학 자격증(certificate)을 취득하려는 사람들을 위한 기초 과목으로 10주간 개설된 강좌였는데, 수강생들의 배경이나 수강 목적이 가지각색이었다. 물론 일정 학점 이상 수강하여 자격증을 딴 뒤 연봉이 많은 직종으로 옮기려는 사람들이 대부분이었다. 하지만 인상 깊었던 것은 언제나 맨 앞에 앉아 숙제도 잘 해 오고 질문과 답변도 제일 많이 하는 은발의 할아버지, 언제나 내 뒤에 나란히 앉는 50대쯤 되어 보이는 중년 부부 등, 그냥 자신의 교양을 쌓기 위해 수강하는 사람들이 꽤 있었다는 점이다. 그곳에는 그저 자신의 지적 호기심을 채우기 위해 적지 않은 비용과 시간을 투자하는 사람들도 많았고, 또 그럴 환경도 마련되어 있었다.

딸 아이에게서 질문을 받은 날부터, 강좌까지는 기대하지 않더라도 그저 일반인들의 지적 호기심을 채워 줄 만한 글을 누군가 쓰면 좋겠다고 생각해 왔다. 그러던 차에 개인적으로 시간의 여유도 생기고, 아직 그런 책을 보지 못했기에 막연히 누군가 해 주기를 바랐던 일을 부족한 대로 직접 시도하게 되었다.

이 책은 반도체가 뭔지 궁금한 사람들, 이공계를 전공하지 않아 기술 부서는 아니지만 반도체 관련 회사에 다니거나 입사를 고려하고 있는 사람들, 많은 시간과 비용을 투자하기에 망설여지는 사람들, 그리고 앞으로 반도체를 전공해 볼까 고민 중인 고교생들 혹은 대학 신입생들을 위해 썼다. 복잡한 수식 없이 단지 중학교 수준의 과학 지식만으로도 이해할 수 있도록 반도체의 전반적인 기술들을 서술적으로 소개했다. 부담 없이 읽다 보면 중고교 과학 시간에 평생 쓸모가 없을 것 같아 보이던 과학 이론들을 왜 가르쳤는지 깨닫게 될 것이다.

이 책을 쓰게 된 직접적인 계기를 만들어 주고 글을 쓰는 동안 열렬히 지지해 준 두 딸, 좀 더 흥미롭게 써 보라며 충고해 준 아내, 필요한 자료를 보내 주신 (주)인타임의 고태호 사장님, 첫 만남에서 흔쾌히 출판을 수락해 준 고교 동창 이원중 사장, 그리고 직접적으로 수고해 주신 지성사의 식구들에게 이 자리를 빌려 감사의 말을 전한다.

비 내리는 한강을 내려다보며, 2005년 여름

九沙 강구창

회로를 인쇄한다고?

60, 70년대 초반까지만 해도 일반 가정에 있는 전자 제품 하면 라디오 정도가 고작이었을 것이다. 그러나 30~40년이 지난 지금 우리는 오디오, TV, 냉장고, 세탁기, PC, 전화기 등등 수많은 전자 제품에 파묻혀 살고 있다. 게다가 앞으로 10년 후면 부지불식간에 온갖 컴퓨터에 둘러싸여 지낸다는 유비쿼터스(ubiquitous) 시대가 도래한다고 한다.

그럼 이런 전자 제품의 내부는 어떻게 생겼을까? 냉장고나 TV를 뜯어 본 사람들은 별로 없을 것이다. 그러나 역사가 짧은 PC를 뜯어 본 사람들은 많을 것이다. 다른 전자 제품도 마찬가지지만, PC를 뜯어 보면 내부에 그림 1.1과 같은 기판들이 몇 장씩 들어 있는 것을 보았을 것이다. 전자 제품 내부에는 그런 기판들이 한 장 혹은 수십 장씩 들어 있다. 회로를(circuit) 인쇄(printed)해 놓은 기판(board)이라는 뜻으로 PCB(Printed Circuit Board)라 하는데, 이것은 각각의 부품들의 위치를 고정시켜 주고 서로 연결할 수 있게 미리 구멍도 뚫어 놓고 전기가 통하는 도체로 미리 연결시켜 놓은 것이다.

그림 1.2는 부품을 조립하기 전의 PCB를 보여 준다. 여기서 보면 (a)는 반도체인 IC(3장에서 자세히 다룰 것임)들이 들어갈 자리이고,

그림 1.1 부품을 조립한 인쇄 회로 기판(PCB) (주)인타임 제공

(b)는 실제 부품과 핀(pin, 전기로 연결시킬 부품의 입력과 출력단자)이 들어갈 자리의 크기와 위치가 동일하게 프린트 되어 있다. (c)는 부품과 부품을 연결시키는 도선들이 프린트 되어 있다. 이 도선들은 각 부품의 핀 위치까지 정확하게 프린트 되어 있다.

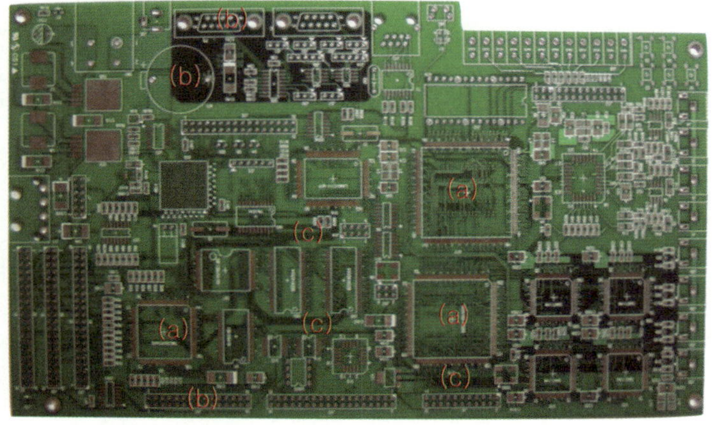

그림 1.2 부품을 조립하기 전의 인쇄 회로 기판 (주)인타임 제공
(a) 반도체 칩(IC)들을 삽입할 위치 (b) 기타 전자 부품들을 삽입할 위치
(c) 부품들을 서로 전기로 연결시킬 인쇄된 도선들

(a)나 (b)는 잉크로 프린트 되어 IC나 부품이 들어갈 자리임을 나타내 주지만, (c)의 도선은 잉크가 아니라 실제로 전기가 흐르는 도체로 프린트(도금되어 있다고 생각하면 된다) 되어 있어서 그 위치에 IC나 부품들을 삽입하면 의도한 대로 전기적으로 연결할 수 있다. 즉 초등학교에서 건전지와 꼬마전구를 이용하여 불이 켜지는 것을 실험할 때, 그 전깃줄이 PCB의 도선에 해당하고 전깃줄과 꼬마전구 그리고 건전지를 붙잡고 있는 사람의 손이 PCB에 해당한다.

물론 이렇게 생긴 것들은 그 기능을 따져 주기판(main board, mother board), 도터 보드(daughter board)라고도 하고, PC에서는 그래픽 카드, 오디오 카드 등 카드라는 말을 많이 사용한다. 여기서 카드(card)란 주기판에 꽂을 수 있게 만든 기판을 말하고, 마더 보드란 전자 제품에서 기본 주기능을 하는 기판을 의미하고, 도터 보드는 말 그대로 마더 보드에 붙어서 부가기능을 하는 보드라는 의미다.

그래서 통상적으로 마더 보드에는 옵션(option)으로 필요한 도터 보드들을 손쉽게 꽂을 수 있게 되어 있다. 도터 보드들은 마더 보드에 쉽게 꽂을 수 있게 카드 형태로 제작하므로 마더 보드를 주기판(main board), 도터 보드를 카드라고도 한다. 주기판이든 카드든 전자 부품들을 삽입하고 서로 연결하게 해놓은 모든 기판을 PCB라 한다.

그림 1.2의 PCB에는 그 용도에 따라 여러 가지 전자 부품들을 삽입하고 연결한다. 전자 제품에 사용하는 여러 가지 부품들은 그림 1.3에 그 일부를 나타냈다.

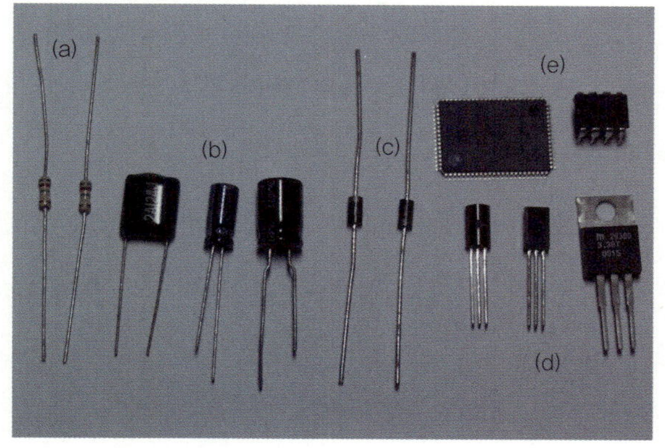

그림 1.3 여러 가지 전자 부품들
(a) 저항 (b) 캐패시터 (c) 다이오드 (d) 트랜지스터 (e) 반도체 칩

그림 1.3에서 (a)는 저항(resistor)이다. 우리가 학교에서 배웠듯이 저항은 전압에 따른 전류의 크기를 정한다. 반대의 경우, 주어진 전류에 따라 전압 값을 결정하기도 한다. 중간에 여러 가지 색의 띠가 보이는데 이것은 저항 값을 나타내는 기호다. 즉 수치를 색으로 나타낸 것이다. (b)의 둥근 원통형과 납작한 모양의 것은 캐패시터(capacitor)다. 캐패시터는 전기를 띤 어떤 입자(전하, charge)를 저장하는 기능이 있는데, 이런 성질이 급격한 전압 상승이나 하락을 억지한다.

즉 외부 전압이 자신의 전압보다 높게 올라가면, 자기 자신이 전하를 축적하여 자신의 양극간의 전압도 더불어 올라가 회로 전반적으로 전압의 상승 속도를 늦추는 역할을 한다. 반대로 외부 전압이 자신의 전압보다 내려갈 때는 자신이 축적하고 있던 전하를 방출하여 자신의 양극간의 전압도 낮추면서 회로 전반적으로 전압의 하강

속도를 낮추는 성질이 있다. 일종의 전하의 저수지라고 생각하면 된다. 홍수 때는 저수지에 물을 가둬 두어 하류의 범람을 막고, 가뭄 때는 자신이 저수하고 있는 물을 방출해 하류의 가뭄을 막는다. 이때 저수지에 저수한 물 입자는 전하에 해당하고, 물의 높이 즉, 수압 차는 전압에 해당한다. 하류의 물의 흐름은 전류에 해당한다.

캐패시터의 이런 저수지 같은 성질은 전원부에서 전압을 안정하게 하는 역할을 하지만, 반대로 반도체 내부에서 동작 속도를 느리게 하는 부작용도 있다. 근래에는 이런 저항과 캐패시터도 아주 작은 값이나 정교한 값을 만들기 위하여 반도체를 이용하기도 하지만 그림 1.3에 나타낸 저항과 캐패시터는 반도체가 아닌 전자 부품이다.

(c)는 다이오드(diode)로 전류를 한쪽 방향으로만 흐르게 하는 성질이 있다. 다이오드의 양극에 + 전압이 걸리고 음극에는 − 전압이 걸리면 전류는 양극에서 음극으로 흐르지만, 반대로 양극에 − 전압이, 음극에 + 전압이 걸리면 전류가 흐르지 않는다. (d)는 몇 가지 트랜지스터(Tr)를 보여 주고, (e)는 반도체 칩인 IC이다. 다이오드, 트

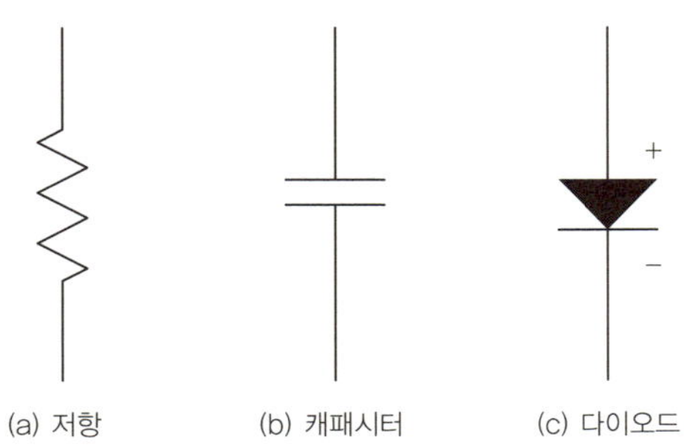

그림 1.4 여러 가지 전자 부품의 기호들

랜지스터, IC가 반도체 제품들이다.

그림 1.4는 몇 가지 부품들의 기호를 나타냈다. 여기서 (b)는 그림 1.5에서처럼 전기가 통하지 않는 부도체(유전체라고도 함)로 양쪽에 전기가 흐르는 도체판을 붙이면 캐패시터가 된다. 캐패시터는 이

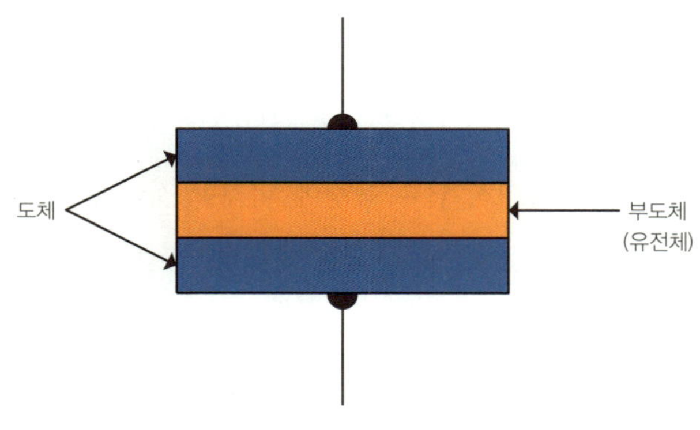

그림 1.5 캐패시터의 단면 구조

책에서 자주 언급되므로 구조를 알아 두자.

캐패시터는 전하를 담아 두는 저수지와 같다고 했다. 그럼 어느 정도의 전하를 담아 둘 수 있는 것일까?

$$Q = CV \qquad\qquad \cdots \text{(식 1.1)}$$

여기서 Q는 캐패시터에 담아 둘 수 있는 전하의 양, V는 캐패시터 양단(도체) 간의 전압, C는 캐패시턴스(capacitance)라고 하는데 캐패시터의 용량을 나타내며 단위는 F(패럿)이다. 이 캐패시턴스는

도체의 면적 A와 도체 간의 거리 즉, 유전체의 두께 t 그리고 사용한 유전체의 고유 성질인 ε(입실론) 값에 따라 식 1.2로 표현된다. 이 ε은 유전율이라 하는데 그 값은 물질마다 다르다.

$$C = \varepsilon A / t \qquad\qquad \cdots (식 \ 1.2)$$

식 1.1과 1.2의 개념을 정리해 보자. 식 1.1에서 저수지에 저수할 수 있는 물의 양은 당연히 담수 용량에 비례할 것이다. 그러니 C가 클수록 Q도 커질 것이고, 같은 담수 용량을 가진 저수지라면 당연히 수위가 높을수록 많이 담을 수 있을 것이다. 그러니 양단 도체의 전압 V가 클수록 Q가 커지는 것이다. 식 1.2는 캐패시터의 용량 캐패시턴스는 도체판과 중간의 유전체와 접하는 면적이 클수록, 그리고 유전체의 두께가 얇을수록 커진다고 이해하면 된다.

그림 1.6의 다이오드에서 +, − 표시는 각각 양극, 음극을 나타내는 것으로 + 단자에 − 단자보다 높은 전압이 걸리면 전류가 흐르고 이 연결상태를 순방향(forward bias)이라 한다. 반대의 경우는 전류가 흐르지 않으며 이 연결상태를 역방향(reverse bias)이라 한다. 따라서 건전지의 양극에 다이오드의 + 단자를 연결하면 꼬마전구에 불이 켜지고, − 단자를 연결하면 불이 켜지지 않는다. 다이오드도 이 책에서 자주 언급되는데, 그 구조나 원리는 2장과 8장에서 설명하겠다.

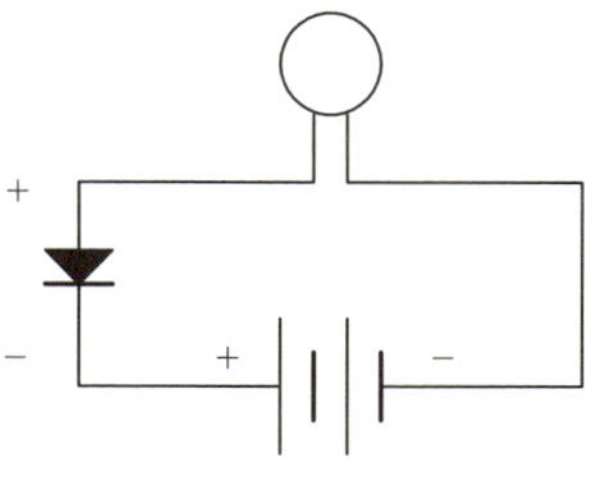

(a) 다이오드의 순방향 연결
꼬마 전구에 불이 켜짐.

(b) 다이오드의 역방향 연결
꼬마 전구에 불이 켜지지 않음.

그림 1.6 다이오드의 순방향 연결과 역방향 연결

쉬 어 가 는 글

영어 약자는 자음과 모음이 섞여 있으면 단어처럼 읽고, 자음만 있으면 알파벳으로 읽는다. 그러나 경우에 따라 혼용해서 쓰기도 한다. 의미 자체는 뒤에 차차 나오니 그냥 읽는 법이나 익혀 두자.

MOS : 모스 TR : 티알 PMOS : 피모스 NMOS : 엔모스
RAM : 램 ROM : 롬 EPROM : 이피롬

그런데 EEPROM의 경우 E^2PROM 이라고 많이 쓰며 읽기는 E의 제곱이라고 썼으니, 그 의미를 살려서 '이 스퀘어(square) 피 롬'이라고 읽는다. 전자 공학에선 약자의 철자가 EEPROM과 같이 연속해서 반복할 경우 그 알파벳을 두 번 쓰지 않고 제곱으로 표시하는 경우가 많다. IIC도 I^2C로 주로 쓰며 '아이 스퀘어 씨'라고 읽는다. IIS도 I^2S로 쓰고 '아이 스퀘어 에스'라고 읽는다.

여기에 포도, 사과, 귤, 복숭아, 배, 수박, 참외, 딸기가 있다고 하자. 이 과일들을 나름대로 분류하면 어떻게 나눌 수 있을까? A, B, C 세 사람에게 이 과일들을 분류해 보라고 했더니, 표 2.1과 같이 A와 C는 여덟 개의 과일들을 네 가지로 분류했고, B는 두 가지로 분류했다. 누구의 분류법이 맞는 것일까?

분류	A의 분류	B의 분류	C의 분류
1	포도	수박, 참외, 딸기	딸기
2	딸기	포도, 사과, 귤, 복숭아, 배	포도, 수박, 참외, 복숭아
3	사과, 귤, 복숭아, 배, 참외		사과, 배
4	수박		귤

표 2.1 A, B, C 세 사람의 분류

A는 과일 한 개의 크기를 기준으로 비슷한 크기대로 분류했고, B는 과일이 열리는 식물이 넝쿨인지 나무인지에 따라서 분류했다. C는 과일이 자연상태에서 열리는 계절을 기준으로 분류했다. 그럼 이 세 사람 중 누구의 분류법이 맞는 것일까? 세 사람 모두 맞다. 이처럼 과일은 여러 가지 특성을 가지고 있으므로 무엇을 기준으로 하느냐에 따라 함께 분류될 수도 있고 따로 분류될 수도 있다.

반도체는 마법의 돌인가?

물질도 마찬가지다. 물질은 여러 가지 성질이 있으므로 여러 가지 방법으로 분류할 수 있다. 과학에서 주로 사용하는 주기율표는 최외각 전자의 수에 따라 I족, II족, III족… 등으로 분류한 것이고, 물질의 전기적 특성을 기준으로 분류하면 전기가 잘 흐르는 도체(導體, conductor), 전기가 흐르지 않는 부도체(不導體, insulator), 도체와 부도체의 중간 성질을 가진 반도체(半導體, semiconductor)로 나눌 수 있다.

도체는 구리, 알루미늄, 철, 금, 은 등으로 대부분의 금속들이 여기에 속하고, 부도체에는 다이아몬드, 고무, 플라스틱 등이 있다. 반도체에는 널리 알려진 실리콘(Si), 게르마늄(Ge) 등이 있다. 그러나 반도체에는 이런 단일물질 반도체도 있지만 갈륨아사나이드(GaAs), 갈륨포스포러스(GaP) 등과 같은 화합물 반도체들도 있다.

사실 화합물 반도체의 가짓수가 훨씬 더 많으나 이런 화합물 반도체는 특수 용도에 사용하고, 현재 가장 많이 사용하는 반도체는 역시 실리콘(silicon), 즉 규소다. 반도체에서 사용하는 용어들이나 원소 이름들은 몇 가지는 우리말로 번역이 되어 있으나 대부분은 번역하지 않고 원어를 그대로 사용하기에 본 책에서는 번역된 용어들과 사용할 때는 규소라는 말로, 번역되지 않는 용어들과 함께 쓰일 때는 실리콘이라는 말로 규소와 실리콘을 혼용해서 사용하겠다.

표 2.2는 대표적인 몇 가지 반도체의 종류를 보여 주고, 표 2.3은 원소의 주기율표 일부를 나타냈는데, 이는 화합물 반도체 이름을 왜

단일원소 반도체		Si, Ge
화합물 반도체	III-V족	GaAs, GaP, InSb, InAs
	II-VI족	CdS, ZnS, CdTe

표 2.2 대표적인 반도체의 종류

I	II	III	IV	V	VI	VII	VIII
3 Li	4 Be	5 B	6 C	7 N	8 O	9 F	6 Ne
11 Na	12 Mg	13 Al	14 Si	15 P	16 S	17 Cl	18 Ar
19 K	20 Ca	31 Ga	32 Ge	33 As	34 Se	35 Br	36 Kr
37 Rb	38 Sr	49 In	50 Sn	51 Sb	52 Te	53 I	54 Xe

표 2.3 원소의 주기율표 일부

III-V족, II-VI족으로 부르는지 알게 해 준다.

반도체는 한자로는 半導體, 영어로는 세미컨덕터(semiconductor)이다. 한자로나 영어로나 '반쯤 도체'라는 의미다. 이 용어는 가장 적절한 표현이지만, 바로 이 용어 자체가 반도체를 매우 혼동하기 쉽게 만든다. 반쯤 도체라면 전기가 도체에 비해 반 정도 흐른다는 말인가? 그렇다면 같은 전류를 흐르게 하기 위해서는 중학교 과학시간에 배운 I(전류)=V(전압) / R(저항) 공식에 따라 전압을 더 높여야 하지 않을까? 왜 전기가 잘 흐르는 멀쩡한 도체를 놔 두고 굳이 전기 효율이 떨어지는 '반쯤 도체'를 사용할까? 80년대 초 카세트에는 1.5볼트 건전지 네 개 내지 여섯 개가 사용되었는데 날이 갈수록 줄어들어 요즘은 대부분 한 개만 사용한다. 그렇다면 전류가 반쯤 흐르는 것이 아니라 같은 일을 절반 정도의 전류를 가지고 해 낸다는 말인가? 그건 혹시 에너지 보존의 법칙에 어긋나는 것은 아닐까? 반도체는 마법의 돌인가?

이에 대한 설명은 이 책의 후반부에 나올 것이다. 앞의 두 가지 의문은 반도체 물질 자체의 성질로는 설명할 수 없다. 일단 설명은 접어 두고 답변부터 하면, 반도체는 전기가 도체에 비해 반쯤 흐르는 물질도 아니고, 도체에 비해 절반 정도의 전기로 같은 일을 하는, 에너지를 증폭시키는 물질도 아니다. 반도체는 마법의 돌이 아니다. 그림 2.1은 반도체 광석이다. 마법을 부리게 생겼는가?

그림 2.1 규소 광석

반도체가 약물을?

물(H$_2$O)은 일상 생활에서 우리와 아주 친숙한 물질이다. 상온에서는 액체 상태지만 섭씨 100도로 끓이면 기체 상태로 변한다. 우리는 이것을 수증기라 한다. 끓는 주전자에서 나오는 김을 수증기로 혼동하는 사람들도 있는데, 그건 수증기가 주전자 입구로 나오면서 식어 다시 액체 상태로 변화한 작은 물방울이다. 물론 그 김도 매우 뜨겁다. 그러나 섭씨 100도는 아니다. 안개도 작은 물방울, 즉 액체 상태의 물이다. 수증기는 눈에 보이지 않는다. 기체 상태의 물질은 눈으로 볼 수 없다. 연기는 보인다고? 연기는 작은 고체 상태지 역시 기체 상태는 아니다. 물의 온도를 낮추면 얼음 즉, 고체 상태로 변화한다. 모두가 잘 아는 이 일상적인 현상을 과학 용어로 바꾸어 표현하면 다음과 같다.

액체 상태의 물이 열 에너지를 받으면 기체 상태로 변화하고, 반대로 액체 상태의 물이 열 에너지를 방출하면 고체 상태로 변화한다. 주의할 점은 기체, 액체, 고체 상태의 물은 언제나 그 분자 구조(H_2O)를 유지하고 있다는 것이다. 단지 분자와 분자 사이의 거리가 얼마나 떨어져 있느냐의 차이만 있을 뿐이다. 모든 물질은 에너지를 받으면 불안정 상태가 되고, 에너지를 빼앗기면 안정 상태로 된다. 에너지에는 열 에너지, 빛 에너지, 전기 에너지, 위치 에너지, 운동 에너지 등 여러 종류가 있다.

전기가 흐르는 원리는 무엇인가? 우리는 이미 전자의 움직임이 전류라고 배웠다. 정확하게는 전자는 음의 전기를 띠고 있어서 전자의 흐름의 반대 방향으로 전류가 흐르는 것이다. 이것은 전자를 발견하기 전에 전기를 먼저 발견한 역사적인 배경 때문이라는 것도 배웠다. 그 당시에는 전기를 띤 아주 작은 입자가 + 전기를 띠고 있을 것이라고 여겼다. 엄밀하게는 자유전자(free electron)가 존재해야 전류가 흐른다. 전자 자체는 모든 원자에 존재하니까….

과학에서는 일반적으로 사용하는 온도 단위 섭씨(℃)보다 절대온도(K)를 많이 사용하는데, 절대온도 0도는 섭씨 영하 273도이다. 즉, 섭씨 0도는 절대온도로는 273도이다. 또한 과학에서 상온(room temperature)이라는 표현도 자주 사용하는데, 상온은 섭씨 25도 즉, 절대온도 298도를 의미하는데 절대온도로 나타낼 때는 298K 대신 주로 300K(27℃)도 많이 사용한다.

절대온도 0도에서 도체에는 자유전자가 존재하는 반면, 부도체와 반도체에는 존재하지 않는다. 그러나 온도가 올라가거나(열 에너지를 받으면) 빛을 쬐면(빛 에너지를 받으면) 부도체와 반도체에서도 자유전자가 발생한다. 그렇다면 반도체와 부도체의 차이는 무엇일까? 자유 전자가 발생하는 데 필요한 에너지 양의 크고 작음이다. 반도체는 부도체에 비해 훨씬 적은 양으로도 자유전자가 발생한다.

다시 말해 반도체는 부도체에 비해 상온에서 훨씬 더 많은 자유전자가 존재한다. 따라서 상온에서는 부도체든, 반도체든 약간의 자유전자가 존재한다. 얼마나 많은 자유전자가 존재하는가는 물질마다 다른데, 대표적인 반도체인 순수 실리콘의 경우 1입방센티미터당 약 100억 개(10^{10}/cm^3)가 존재한다. 굉장히 많아 보이지만 이 정도의 자유전자로는 무시할 만큼의 아주 미세한 전류(수 밀리암페어의 백만 분의 일 정도)만을 흘려보낼 수 있다.

현재 우리가 전기적으로 무언가를 하려면 최소한 이보다 약 10만 배 정도는 많아야 한다. 이 자유전자의 개수를 높이는 방법은 온도를 상온보다 더 높이면 해결할 수 있다. 그러자면 우리 주변의 전자제품마다 정교한 히터가 붙어 있어야 할 것이다. 사실 반도체(트랜지스터)가 발명되기 전부터 전자 제품들이 있었는데, 진공관이 그것이었다. 진공관은 마치 백열전구 비슷하게 생겼고 동작하기 전에 전자를 발생시켜 주는 필라멘트의 온도를 일정 수준까지 올리기 위해 예열 시간이 필요했다. 따라서 이 온도를 높여 주는 데 많은 전기 에너지를 열 에너지로 바꾸어 주었고 그래서 옛날 전자 제품들은 컸고 시간이 좀 지나야 작동하고 전력 소모도 높았던 것이다.

요즘 TV 뒷면을 뜯어 보면 유리관 같이 생긴 것이라고는 퓨즈밖에 없지만, 70년대에 만든 TV만 해도 새끼 손가락만한 것부터 해서 긴 것은 어른 한 뼘 정도 되는 것까지 유리관들이 빽빽이 들어 있었다. (물론 그 당시에도 반도체를 사용하기는 했지만 100퍼센트 반도체 부품들은 아니었다) 이 손가락만한 진공관이 트랜지스터 하나에 해당한다. 때문에 전력의 대부분이 어떤 전기적 동작을 위해 사용되기보다는 진공관들의 온도를 높이고 유지하는 데 소모되었던 것이다. 이는 마치 사람이 음식을 섭취해 에너지로 바꾸어서 그 70퍼센트 정도를 체온 유지에 소모하고 약 30퍼센트만을 운동 에너지로 사용하는 것과 흡사하다.

반도체에서는 좀 더 효율적인 방법을 사용해 자유전자의 개수를 늘리고 있는데 불순물(impurity)을 주입하는 것이다. 불순물이란 이름은 왠지 부정적인 의미가 있어서 마치 있어서는 안 되는 미처 없애지 못한 물질처럼 느껴지지만 자유전자의 개수를 높이기 위해 의도적으로 주입하는 물질로 그 과정을 도핑(doping)이라고 한다.

물에도 전기가 흐르는가? 우리는 어릴 때부터 젖은 손으로 전기 콘센트를 만지지 말라고 들어 왔다. 그 말은 물에서 전기가 통한다는 말이다. 그러나 순수한 물은 전기가 흐르지 않는다. 단지 우리 주변에 순수한 물이 없어서 그렇다. '순수한 물'이 깨끗한 물을 의미하는 것은 아니다. 우리 주변에 있는 물에는 H2O 외에도 다른 물질들이 섞여 있다. 이 불순물들에 의해 물이 전기가 흐르는 것이다.

반도체도 이와 비슷한 원리를 사용한다. 규소는 주기율표에서 IV족 원소다. 이는 최외각 전자가 네 개라는 의미다. III족 원소인 붕소(B)는 최외각 전자가 세 개다. 붕소는 규소보다 최외각 전자가 하나 적다. 전자는 음의 전기를 띠고 있으니까 규소 원소들이 잔뜩 있는데에 붕소 원소를 섞으면 순수 규소 원소들만 있는 것보다 전자의 개수가 적어 결과적으로 양(positive)의 전기를 띠게 된다. 그래서 III족 원소를 도핑한 반도체를 양의 전기를 띤다 하여 포지티브 타입(positive type) 반도체, 줄여서 p-type 반도체라고 한다. 반대로 IV족인 규소들만 있는 곳에 최외각 전자가 하나 더 많은 V족인 인(P)과 같은 원소를 섞으면 규소들만 있는 것에 비해 전자의 개수가 많아져 음의 전기를 띠게 된다. 음(negative)의 전기를 띤다 하여 네거티브 타입(negative type) 반도체, 줄여서 n-type 반도체라고 한다.

지금까지의 설명을 요약하면 다음과 같다. 반도체도 부도체처럼 절대온도 0도에서는 전류가 흐를 수 있는 자유전자가 없기는 마찬가지다. 단지, 부도체보다는 자유전자가 발생하는 밴드 갭 에너지(band gap energy)가 낮아서 상온에서 부도체보다 자유전자의 개수가 많기는 하나, 여전히 우리가 이용할 만큼 전류를 흘려 보내기에는 부족하다. 그래서 인위적으로 불순물을 주입하는데, III족 원소를 IV족 원소인 실리콘에 불순물로 주입하면 양의 전기를 띤 p-type 반도체가 되고, V족 원소를 불순물로 주입하면 음의 전기를 띤 n-type 반도체가 되는 것이다.

아직까지 2퍼센트 부족함을 느끼는 독자가 있다면 14장을 참조하기 바란다. 그러나 14장은 모든 독자들이 이해할 필요는 없다. 이 책은 14장의 내용을 몰라도 이해할 수 있도록 했다.

반도체의 어의 전성

현재 사용하는 반도체의 대표적인 물질은 규소이고, 우리가 쉽게 접하는 규소는 유리다. 로마 풍의 유리 잔이나 신라 풍의 유리 장신구들이 신라 고분에서 출토되고 있다. 즉 최소한 삼국시대에도 우리는 이미 반도체인 규소를 수입하고 가공도 해 왔다. 그런데 왜 갑자기 1980년대 들어서 반도체에 깊은 관심을 갖기 시작했을까?

여기서 잠시 중학교 국어 시간으로 돌아가 보자. '어여쁘다'는 말을 조선시대에는 '불쌍하다', '가엾다'란 뜻으로 사용했으나, 지금은 '예쁘다'란 의미로 쓰고 있다. 이와 마찬가지로 '반도체'란 용어도 이미 언급했듯이 물질을 분류하는 하나의 종류지만 그것은 물성(물리적 성질)적 의미이고, 요즘은 물성적 의미뿐만 아니라 '집적회로(integrated circuit, IC)'로 의미를 확대해 사용한다. 통상적으로 얘기하는 '반도체 산업'이니, '반도체 기술'이니 하는 말은 물성적 의미의 반도체가 아닌 '집적회로 산업', '집적회로 기술'을 의미한다.

이 책은 반도체 중에서도 실리콘을 이용한 CMOS 디지털 집적회로에 관련된 기술을 다룰 것이다. 그러나 1장에서 반도체도 아닌 캐패시터를 잠시 소개했듯이 여기서도 CMOS는 아니지만, 앞으로 자주 언급할 다이오드를 잠시 소개하려고 한다. CMOS란 말은 3장과 9장에서 설명할 것이다.

전자의 반대 개념으로 + 전하를 띤 홀(hole)이란 것이 있다. 홀의 원래 의미는 전자가 들어갈 '여지' 혹은 '공간'이다. 그런데 전자공학에서는 홀을 '모델'이라고 한다. 그럼 왜 이런 '모델'을 만들었을까? 그 이유는 전자공학을 쉽게 설명하고 이해하기 위해서다. 홀은 실제로 존재하는 입자는 아니지만, 전자가 가지고 있는 전하와 같은 양의 전하를 가진 양전하로 모델화한다. 즉 '공간'을 '입자'로 모델화한 것이다.

이 모델을 어떻게 사용하는지 다이오드를 예로 들어 설명하겠다. 그림 2.2는 다이오드의 구조다. 즉 p-type 반도체와 n-type 반도체를 붙여 놓은 것이다. 이렇게 p-type 반도체와 n-type 반도체가 붙은 경계면을 p-n 접합(p-n junction)이라 한다. 이 두 반도체를 어떻게 붙였까? 납땜? 용접? 둘 다 아니다. 사실은 하나의 실리콘 조각에 한쪽

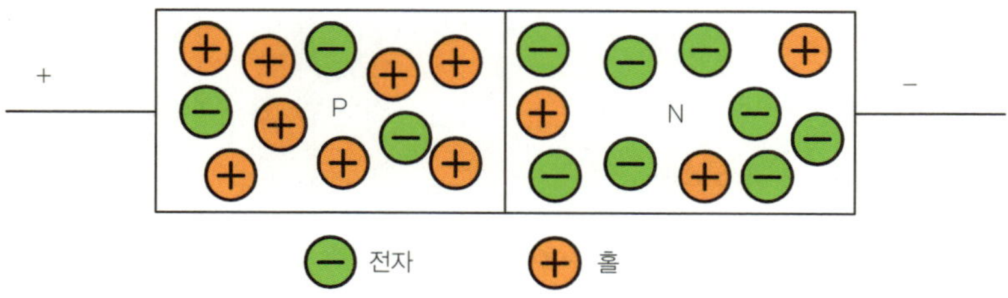

그림 2.2 다이오드의 구조

은 p-type 불순물을 다른 쪽은 n-type 불순물을 주입한 것이다. 그러니까 붙인 것이 아니라 원래부터 붙어 있던 한 조각이다.

p-type 불순물을 주입한 p-type 반도체에는 전자보다 홀이 더 많다. 물론 열 에너지에 의해 발생한 EHP(Electron Hole Pair, 14장 참조, 여기서는 그냥 이런 것이 있다고만 알고 지나가자)가 있으므로 불순물에 의해 생성된 홀 말고도 이렇게 열에 의해 발생한 홀과 전자도 존재하는데, 그 개수가 워낙 미량이어서 불순물에 의해 생겨난 홀이 전자보다 월등히 많이 존재한다.

이 전자나 홀을 전하를 띤 입자라 하여 음전하, 양전하라고 하지만, 전기를 옮겨 준다 하여 캐리어(carrier, 운반체)라고도 한다. 따라서 p-type 반도체에서는 홀이 다수 캐리어(majority carrier)이고 전자는 소수 캐리어(minority carrier)다. 반대로 n-type 불순물이 주입된 n-type 반도체에는 전자의 개수가 더 많아서 전자가 다수 캐리어이고 홀이 소수 캐리어다.

전압이 걸리지 않은 상태에서는 그림 2.2와 같이 홀과 전자가 흩어져 있다가 그림 2.3처럼 +극에 + 전압을, −극에 − 전압을 가하면〔이 상태를 순방향 전압이 걸렸다, 혹은 순방향 바이어스(forward bias)가 걸렸다고 한다〕, p-type에 있는 소수 캐리어인 전자와 n-type의 다수 캐리어인 전자가 다이오드의 +극 쪽으로 이동해 전지의 +극으로 들어간다. 한편 다이오드의 −극 쪽에는 n-type의 소수 캐리어인 홀과 p-type의 다수 캐리어인 홀이 이동해 역시 전지의 −극으로 들어간다. 자석에서 같은 극끼리는 서로 밀치고 다른 극끼리는 서로 끌어

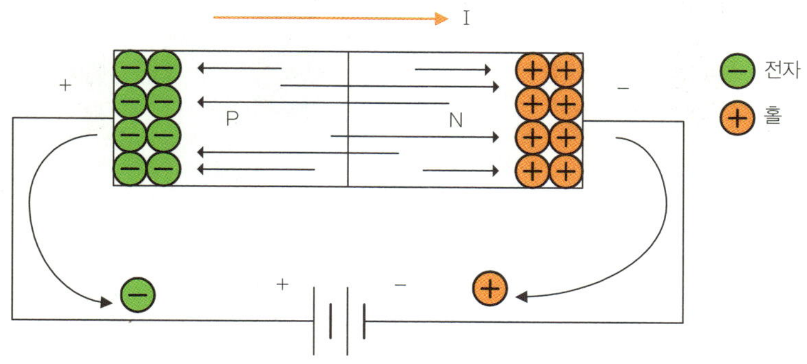

그림 2.3 다이오드의 순방향 바이어스

당기는 것과 같은 이치다.

p-type의 다수 캐리어인 홀과 n-type의 다수 캐리어인 전자는 각각 다이오드의 −극과 +극으로 이동하는 와중에 약간의 홀과 전자가 결합해 사라지기도 하지만, 대부분은 원하는 방향으로 이동한다.

다이오드에서 전자는 p-n 접합을 넘어 다이오드의 +극 쪽으로 이동하고, 홀은 반대로 −극으로 이동한다는 의미는 무엇일까? 전자는 음전하이므로 전류의 방향이 전자의 흐름과 반대 방향이고, 홀은 양전하라서 전류의 방향이 홀의 방향과 같다. 따라서 다이오드의 +극에서 −극으로 전류가 흐른다는 의미다(전류는 I로 표시함. 그림 2.3 참조). 정확하게는 다이오드의 +극 전압이 −극 전압보다 문턱 전압 (threshold voltage) 이상 높아야 전류가 흐르는데, 다이오드의 문턱 전압은 약 0.7볼트 정도이다. 즉 다이오드의 +극에 −극보다 0.7볼트 이상 높은 전압이 걸리면 전류가 흐른다. 뒤에 모스의 문턱 전압이 나오는데 모스의 문턱 전압은 약 0.6볼트 정도인데 점점 낮아지고

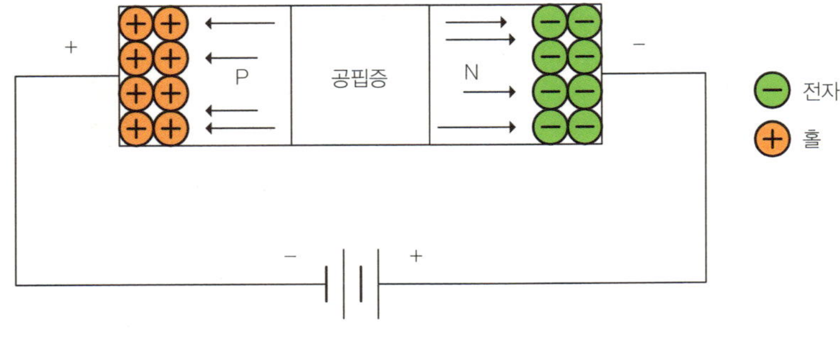

그림 2.4 다이오드의 역방향 바이어스

있는 추세다.

그림 2.4와 같이 다이오드의 +극(p-type)에 − 전압을, −극(n-type)에 + 전압을 가하는 상태를 역방향 바이어스(reverse bias)가 걸렸다고 하는데, 이 때의 동작을 살펴보면 다이오드의 +극에서 보면 전지의 − 전압이 걸려 있으므로 p-type의 다수 캐리어인 홀이 몰려들고, 다이오드의 −극에는 + 전압이 걸렸으므로 n-type의 다수 캐리어인 전자가 몰려 들어 가운데는 전자든 홀이든 어떤 캐리어도 존재하지 않는 공핍층(depletion layer)이 생긴다. 즉 다수 캐리어들이 p-n 접합을 건너가지 않고 자기가 원래 있었던 쪽으로 몰려가고 p-n 접합에는 아무런 캐리어들이 넘나들지 않는다. 즉 양전하도 음전하도 p-n 접합을 넘어가는 것이 없다. 전자와 홀이 p-n 접합을 지나가지 않으므로, 전류가 흐르지 못한다. 그래서 다이오드에 역방향 전압이 걸렸을 때는 전기가 통하지 않는 것이다.

그러나 사실은 다이오드에 역방향 전압이 걸렸을 때도 약간의 전류는 흐른다. p-type에도 소수 캐리어인 전자가 존재하고, n-type에도 소수 캐리어인 홀이 존재하기 때문이다. 이 전자가 p-n 접합을 넘어 다이오드의 −극으로 이동하고, 홀 역시 p-n 접합을 넘어 +극으로 이동한다. 이 소수 캐리어들이 전류를 흐르게 한다. 하지만 이 소수 캐리어들은 앞에서도 밝혔지만, 열 에너지에 의해 발생한 EHP(14장 참조)의 전자와 홀이다. 그 개수가 워낙 미세하여 무시할 정도라고 이미 말한 바 있다. 게다가 그 극소수의 캐리어들이 이동 중에 p-n 접합에서 홀과 전자가 결합하여 사라지고 나면 더욱 더 무시할 수 있다. 그 양은 제조 공정에 따라 다르지만, 얼추 수 밀리암페어의 몇 백만분의 일 정도다. 따라서 다이오드에서 역방향 전압이 걸렸을 때는 전류가 흐르지 않는다고 한다.

반 도 체 의 변 천

1장에서 살펴보았듯이 엄밀하게 따지면 반도체의 시작은 다이오드의 발명 시점으로 보아야 한다. 그렇지만 통상적으로는 진공관을 대체한 트랜지스터의 발명을 시작으로 잡는다. 트랜지스터는 1947년 12월 23일 윌리엄 쇼클리(William Shockley)를 주축으로 하여 존 바딘(John Bardeen)과 월터 브래튼(Walter Brattain)이 세계 최초로 발명해 냈고, 1956년 11월 이 세 사람은 트랜지스터를 발명한 공헌으로 노벨 물리학상을 받았다. 전자공학이 그러하듯 반도체 기술도 역시 물리학에서 출발했다.

반도체의 변천은 기준에 따라 여러 가지가 있을 수 있겠으나, 여기서는 사용하는 물질과 트랜지스터, 집적도에 따라 구분해서 살펴보겠다.

물질에 따른 변천

2장에서 언급했듯이 반도체에서 사용하는 물질로는 단일 원소 반도체와 화합물 반도체가 있다. 화합물 반도체는 두 가지 원소를 화합하여 사용하는 것으로 여러 종류가 있고, 지금도 연구를 계속 진행하고 있는 중이며 반도체 전체를 두고 볼 때 소수에 속한다. 반면에 단일 원소 반도체는 초기에는 게르마늄(Ge)을 재료로 사용하다가 온도에 더 강한 실리콘을 30여 년 전부터 지금까지 사용하고 있다.

트랜지스터의 종류에 따른 변천

트랜지스터는 표 3.1과 같이 크게 바이폴라 트랜지스터와 FET로 나누고 FET는 JFET와 MOS로 구분한다. 윌리엄 쇼클리가 발명한 트랜지스터가 바이폴라 트랜지스터이고 그 후 JFET, MOS가 순차적으로 발명되었다. 그런데 사실 이들은 나중에 발명한 트랜지스터가 출현한 후에 생겨난 말들이다.

쇼클리가 트랜지스터를 발명했을 당시에는 그냥 트랜지스터였다. 그 후 FET가 생겨나니 FET와 구분하기 위하여 바이폴라 트랜지스터라 불렀다. FET도 JFET가 처음 나왔을 때는 그냥 FET였다. 그런데 후에 MOSFET가 발명되면서 이것과 구분하기 위해 JFET라고 불렀다. MOSFET의 경우 그냥 모스(MOS)라고도 많이 부른다. 기술은

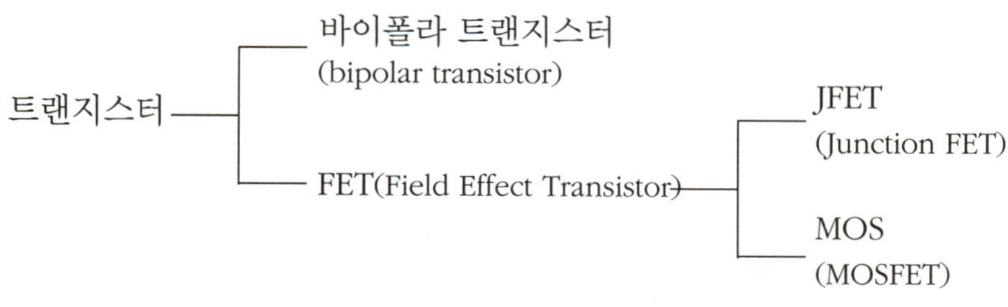

표 3.1 트랜지스터의 종류

다시 PMOS만 가지고 설계와 제조를 하는 PMOS 기술, NMOS만 가지고 설계와 제조를 하는 NMOS 기술, PMOS와 NMOS 두 가지 모두 사용하는 CMOS 기술로 변천해 왔다. 따라서 트랜지스터의 종류에 따른 발전 과정은 표 3.2와 같다.

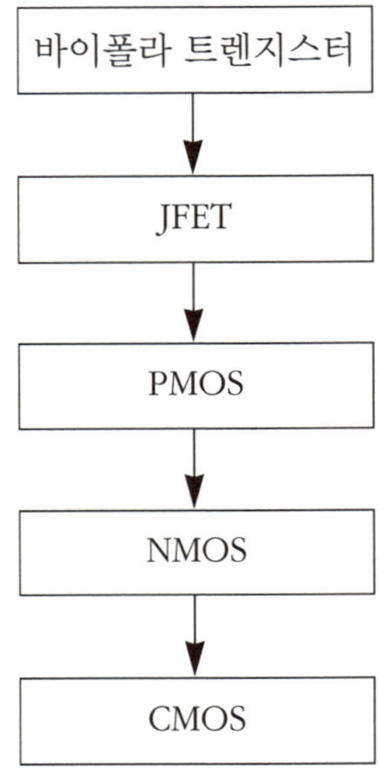

표 3.2 트랜지스터의 변천

변천 과정을 보면 1947년 바이폴라 트랜지스터가 발명된 후 현재의 CMOS까지 발전해 왔으나, 아직도 바이폴라 트랜지스터를 사용하고 있다. 단지 그 점유율이 점점 줄어들고 있을 뿐이다.

집적도에 따른 변천

트랜지스터를 처음 발명하였을 때는 그 자체가 엄청난 집적 효과가 있었다. 이미 언급했듯이 진공관은 마치 백열 전구처럼 전구 내부의 필라멘트를 가열하여 전자를 발생시켰다. 진공관 하나가 트랜지스터 하나에 해당하는데, 크기는 손가락만한 것부터 작은 형광등만한 것까지 다양하다. 손가락 길이와 형광등 길이의 유리관들이 그림 1.2의 PCB에 꽂혀 있는 모습을 상상해 보라. 현재는 그 유리관 하나가 그림 3.1 (a)에서 보듯 새끼손톱만큼 작아졌다. 같은 크기의 PCB에 진공관일 때보다 얼마나 많은 트랜지스터를 꽂을 수 있겠는가?

트랜지스터를 한 개의 칩에 여러 개 집적시킨 IC를 1958년 텍사스 인스트루먼트(Texas Instruments)에 근무하는 잭 킬비(Jack Kilby)와 당시 페어차일드 반도체에 근무하던 로버트 노이스(Robert Noyce)가 독자적으로 공동 발명하였다. 2000년에 잭 킬비는 IC를 발명한 공로로 노벨 물리학상을 수상하였다. 이 로버트 노이스가 바로 1968년 고든 무어(Gordon Moore)와 공동으로 인텔(Intel)을 설립한 바로 그 인물이다.

(a) 트랜지스터   (b) 약 오십만 개의 트랜지스터가 집적된 IC

그림 3.1 트랜지스터가 집적된 IC의 실제 크기 비교

IC란 트랜지스터만이 아니라 저항, 캐패시터를 한 개의 칩에 집적시킨 회로를 가리킨다. 이 IC는 그 집적된 트랜지스터의 개수에 따라 LSI(Large Scale IC), VLSI(Very Large Scale IC) 그리고 요즘은 ULSI(Ultra Large Scale IC)로 발전해 왔다(표 3.3). IC, LSI, VLSI, ULSI로 구분하는 것은 얼마나 많은 소자(트랜지스터, 저항, 캐패시터)가 집적되어 있느냐 하는 것인데, 정확하게 몇 개 이상이면 LSI, 몇 개 이상이 VLSI라는 수치는 없다. 단지 트랜지스터가 수십 개 집적된 것을 IC, 수백에서 수천 개 집적된 것을 LSI, 수만 개에서 수십만 개 정도를 VLSI, 그 이상 집적되면 ULSI라 한다.

일각에서는 가장 작은 트랜지스터의 크기인 디자인 룰(design

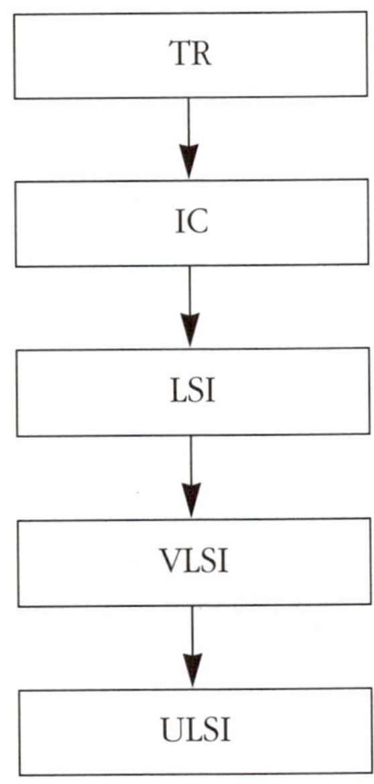

표 3.3 집적도의 변천

rule)을 가지고 따지기도 하는데(개인적으로 이 방법이 맞다고 생각한다. 만 개의 트랜지스터로 구현할 수 있는 칩을 굳이 십만 개로 구현할 사람은 없을 테니까…. 디자인 룰에 대해서는 10장에서 설명하겠다) 이 역시 딱 부러지는 수치는 없으나 통상적으로 2.0마이크로미터까지를 LSI, 1.2~0.35마이크로미터 정도를 VLSI, 0.25마이크로미터 이하를 ULSI 라고 부르기도 한다. 그러나 IC라 하면 IC, LSI, VLSI, ULSI를 통칭하는 용어로 더 많이 사용한다.

쉬 어 가 는 글

로버트 노이스(Robert Noyce) … 반도체, 특히 IC의 역사에 큰 획을 그은 사람으로 고든 무어와 인텔을 공동 설립했다. 노이스는 물리학과 수학에 탁월한 능력이 있었다. 그래서 이미 고등학생 시절에 그리넬(Grinnell) 대학에서 일부 과목을 수강했다고 한다. 가난한 목사 아버지 덕에 노이스는 고등학생 때부터 농장일, 아이 돌보기, 신문 배달, 잔디 깎기 등 여러 가지 아르바이트를 했는데, 그의 고객 중에 그리넬 대학 물리학과장 그랜트 게일(Grant Gale) 교수도 있었다. 그와의 인연으로 노이스는 더 유명한 대학에도 진학할 수 있었고 가족이 아이오하주를 떠나 일리노이스 주로 이사를 함에도 불구하고, 그리넬 대학에 입학하여 물리학을 공부했다.

1947년 12월 23일 벨 연구소(Bell Laboratory)에 근무하던 윌리엄 쇼클리는 존 바딘, 월터 브래튼과 함께 트랜지스터를 발명하였다. 이 공로로 세 사람은 1956년 11월 노벨 물리학상을 받았다.

1956년 쇼클리는 벨 연구소를 그만두고 지금의 실리콘 밸리로 알려진 팔로알토에서 반도체 회사를 설립하기 위해 노이스에게 연락했을 때,

MIT 물리학 박사 학위를 소지한 노이스는 아직 설립도 되지 않은 회사에 기꺼이 동참했다. 꽤나 명성이 있는 쇼클리였지만 이상 성격으로 인해 여덟 명의 인재가 쇼클리 반도체를 떠나게 되는데 노이스도 함께 했다.

결국 이들이 1957년 10월 페어차일드 카메라의 자본으로 페어차일드 반도체(Fairchild Semiconductor)를 설립했다(페어차일드 반도체는 90년대 중반 경기도 부천의 삼성전자 비메모리 생산라인을 인수했다). 노이스가 페어차일드 반도체 재직 시절인 1958년 텍사스 인스트루먼트의 잭 킬비가 IC의 발명을 발표했는데, 그 때 노이스는 이미 킬비의 것과 유사하면서도 더 실용적인 IC 특허를 가지고 있었다. 노이스는 잭 킬비를 찾아가 '독자적인 공동 발명'으로 합의를 하였고 2000년 10월 잭 킬비는 IC 발명의 공헌으로 노벨 물리학상을 받았다(노벨상은 생존자에게만 수여한다).

페어차일드 반도체 사장에서 페어차일드 카메라 부사장까지 지낸 노이스는 고든 무어와 함께 1968년 인텔을 설립한다〔고든 무어는 쇼클리 반도체에서부터 같이 있었고 노이스의 절친한 친구이며 18개월마다 반도체의 집적도가 두 배로 증가한다는 무어의 법칙(Moore' Law)을 만든 바로 그 사람이다〕. 그간 두 번의 매각을 통해 연명해 오던 쇼클리 반도체는 인텔이 세워지던 1968년 결국 문을 닫았다. 인텔 설립시 노이스는 사업계획서 한 장 없이 단지 '우리가 사업을 시작하려 합니다. 도와주시겠습니까?' 이 한 마디로 투자자를 끌어 모을 만큼 명성이 있었다. 그 후 인텔이 어떻게 되었는지는 모두가 아는 사실이다(인텔이 직원 두 명의 벤처 기업이었을 때 이미 노벨상 후보를 내놓을 만큼의 대기업이었던 텍사스 인스트루먼트보다 현재는 더 큰 기업이 되었다).

"어제 고속도로에서 120킬로로 달리다가 딱지 떼였어"

"여기서 우리집까지 한 20킬로 될 걸"

"요즘 먹는 데 신경을 썼더니, 2킬로가 줄었어"

"너 키가 170은 넘냐?"

"내 PC는 600메가짜린데 1.2기가로 바꾸려고 해"

위의 표현들 중에 이해가 안 되거나, 어색한 표현이 있는가?

우리가 흔히 쓰는 표현들이다. '한국 말은 끝까지 들어야 한다'는 말이 있는데, 한국어를 좀 한다는 외국인들도 단위에 있어서는 끝까지 들어도 못 알아 들을 것이다. 한국 생활에 익숙해지기 전까지는…. 자동차 속도, 거리, 몸무게 모두 다 '킬로'다. PC의 CPU 속도도 하드 디스크의 용량도 메가, 기가다. 심지어 사람 키에는 단위도 없다. 그래도 우리끼리는 잘 알아듣고 불편함이 없다. 우리의 언어 습관이다. 단순히 '한국어'만을 배워서는 해결되지 않는 문제다. 사실 킬로니 메가니 하는 것은 접두사에 불과한데 우리는 접두사만 듣고도 상대방의 의도를 십분 이해한다.

그러나 과학기술에서 사용하는 정확한 단위는 알고 넘어 가자.

표기	f	p	n	μ(u)	m	K	M	G	T
원어	femto	pico	nano	micro	mili	kilo	mega	giga	tera
읽기	팸토	피코	나노	마이크로	밀리	킬로	메가	기가	테라
정의	10^{-15}	10^{-12}	10^{-9}	10^{-6}	10^{-3}	10^{3}	10^{6}	10^{9}	10^{12}

표 4.1 단위의 접두사

특히 반도체에서 쓰는 단위들은 일상 생활에 잘 사용하지 않는 미세 범위 혹은 거대 범위를 사용하므로, 의도적으로 눈에 좀 익혀 두어야 할 것이다.

표 4.1은 과학기술에서 사용하는 단위의 접두사를 나타냈다. 영문의 대문자와 소문자를 구분해서 사용해야 하고, 모두 천 배 단위로 되어 있다. 이유는 이 접두사를 서양에서 만들었기 때문이다. 영어의 경우 one thousand, ten thousand, one hundred thousand, one million, ten million, one hundred million, one billion, ten billion … 등과 같이 천 배 단위에서 명칭이 바뀐다. 우리는 만, 십만, 백만, 천만, 억, 십억, 백억, 천억, 조, 십조, … 등과 같이 만 배 단위에서 바뀌고. 숫자를 표시할 때도 백만을 1,000,000으로 표시하지 않는가? 우리 표현대로라면 100,0000이 맞을 텐데 말이다.

여기서 보듯이 '킬로'는 단지 천 배를 나타내는 접두사에 불과한데도 우리는 문맥상 시속을 나타내는지, 킬로미터인지, 킬로그램인지 다 알아듣는다. 더구나 키는 단위가 없어도 다들 센티미터로 알아 듣는다. 일상적으로 우리는 키가 얼마냐고 물으면, "170" 내지는 "170센티"라고 대답하지, "170센티미터"라고 말하는 사람은 아주 드물다. 혹시 '내가 어제 고속도로에서 120으로 달렸어'라고 하는데, 초속 120미터나 시속 120마일로 알아 듣는 사람을 보았는가?

표 4.2에서는 반도체에서 실제로 많이 사용하는 단위를 설명했다. 표 4.1을 참조해서 보기 바란다. 1피코암페어의 경우 10^{-12} 암페어, 1/1,000,000,000,000암페어 즉, 1암페어의 1조분의 1만큼의 전류를 의미하고, 1나노세컨드는 10^{-9}초 10억분의 1초를 나타낸다. 그리고 마이크로의 경우 원래는 'μ'이나 'u'로 많이 사용하고, 'Ω'의 경우도 'ohm'으로 많이 사용한다.

그 외에도 몇 가지 단위가 더 있다. 길이 단위로 'Å'이 있는데 'A' 위에 '°'이 있는 기호로 '옹스트롱'이라 읽으며 10^{-8}센티미터 즉, 0.1나노미터(100억분의 1미터)를 나타내고 주로 두께를 나타내는 데 많이 사용한다.

또한 디지털에서 메모리 용량이나 디지트(digit)를 나타내는 단위

항목	표기	읽기	사용예
전류	A	암페어	pA(피코 암페어), nA(나노 암페어), uA(마이크로 암페어), mA(밀리 암페어)
전압	V	볼트	mV(밀리 볼트), KV(킬로 볼트)
파워	W	와트	uW(마이크로 와트), mW(밀리 와트)
저항	Ω	옴	Kohm(킬로 옴)
캐패시턴스	F	패럿	fF(팸토 패럿), pF(피코 패럿), uF(마이크로 패럿)
주파수	Hz	헤르츠	MHz(메가 헤르츠), GHz(기가 헤르츠), THz(테라 헤르츠)
길이	m	미터	nm(나노 미터), um(마이크로 미터)
시간	S	세컨드(초)	ns(나노 세컨드), us(마이크로 세컨드), ms(밀리 세컨드)

표 4.2 반도체에서 사용하는 단위

로 '비트(b, bit)', '바이트(B, byte)' 등이 사용되는데 이것은 같은 전자공학을 하는 사람들끼리도 종종 오해를 일으키기 쉽다. 혹시 PC에 관심이 많은 사람은 자신의 PC를 업그레이드 하기 위해 전자상가에서 메모리 카드를 구입한 적이 있을 것이다. 그 때 자기는 신문에서 이미 오래 전에 ○○전자에서 256메가 디램을 개발했다고 들었는데, 전자상가에서 256메가 메모리 카드에 메모리 칩이 한 개가 아닌 여러 개가 붙어 있는 것을 보았을 것이다. 그럼 ○○전자가 허위 보도를 한 것일까?

바이트는 대문자 B로 표시하며 8비트를 나타낸다. 비트는 소문자 b로 표시한다. 여러분 PC에 메인 메모리가 256메가니, 512메가니 하는 것은 바이트다. 즉 256메가바이트, 512메가바이트이다. 하드디스크도 마찬가지다. 1기가니 4기가니 하는 것도 바이트이다. 즉 1기가바이트, 4기가바이트이다. 이처럼 시스템(PC, 휴대폰, 디지털 카메라, MP3 플레이어 등 완제품 혹은 메모리 카드, 비디오 카드 등의 반제품)에서 사용하는 단위는 기본적으로 바이트다. 그러나 반도체에서는 기본적으로 비트를 사용한다. 따라서 광고에 "우리 ○○디지털 카메라는 256메가 메모리가 장착되어 있습니다"라고 되어 있으면 그것은 256메가바이트이다.

그러나 '반도체 회사 ○○전자가 세계 최초로 256메가 디램을 개발했다' 는 신문 기사에서는 256메가비트 디램을 개발했다는 의미다. 엄밀하게는 이처럼 '256메가 디램 개발'은 명백한 오보이다. 선진국의 신문을 보라. '256Mb DRAM 개발' 혹은 '256M bit DRAM 개발' 이런 식으로 보도한다. 선진국의 일반 상식이 우리의 일반 상식보다 높다는 의미로 받아들이면 좀 지나칠까?

기자나 일반인이나 몰라서 그럴 수도 있지만, 같은 전자공학을 배웠고 현재 전자 분야에 종사하는 사람들도 종종 이 같은 실수를 한다. 실제로 내가 다니던 회사에서 데이터 시트(data sheet)를 읽는데 거기에도 응용 방법에 '필요한 디램 용량은 64메가'라고 써 있었다. 그 회사는 반도체 회사고, 데이터 시트는 반도체 회사가 시스템 엔지니어에게 반도체 칩을 사용하는 방법과 사양을 적은 서류이다. 그럼 여기서 말하는 64메가 디램은 64메가바이트 디램인가 64메가비트 디램인가? 오해를 일으킬 소지가 있는 부분은 언어습관에 의존할 것이 아니라, 확실한 단위를 써 주어야 한다. 특히 디폴트(default) 단위가 다른 조직원을 대상으로 할 때는.

이 비트나 바이트의 경우엔 킬로의 의미가 조금 다르다. 원래 킬로는 천을 나타내지만, 비트나 바이트에 있어서는 2^{10}, 즉 1024를 나타낸다. 이것은 디지털에서 2진수를 사용하기 때문에 천에 가장 가까운 2^N 이 2^{10}, 1024이기 때문이다. 따라서 1메가 비트도 백만 비트가 아니라 $1K \times 1K = 2^{10} \times 2^{10} = 1024 \times 1024 = 1,048,576$비트다.

2킬로비트는 당연히 $2 \times 1024 = 2048$비트가 된다.

반도체 조립 분야에서는 '밀(mil, 1000분의 1인치)'이 사용되고, 웨이퍼(wafer, 나중에 설명함) 크기는 5″(5인치), 6″(6인치), 8″(8인치) 등 인치(inch)를 줄곧 사용해 왔는데, 어떤 이유에서인지 300밀리미터 웨이퍼에선 밀리미터를 사용하기 시작했다. 아마도 반도체에서 그만큼 피트, 인치를 사용하는 미국의 비중이 줄어들어서 그런 것 같다. 300밀리미터 웨이퍼도 요즘 그렇게 쓰는 것이지, 초창기 논문 등에는 12″ 웨이퍼로 썼다.

TV에서 반도체 회사의 화면이 나올 때면 흰색 가운을 입고, 마스크와 장갑을 낀 것을 보았을 것이다. 그것은 제조 라인의 청정도를 유지하기 위해서 하는 복장인데, 청정도를 나타내는 단위로 클래스(class)라는 것이 있다. 이것은 1입방미터(1m³)당 10마이크로미터 이상 크기의 먼지(particle)가 몇 개냐를 나타내는 수치다. 즉 클래스 100은 1입방미터당 10마이크로미터 이상의 먼지가 백 개 이하로 있다는 의미이고, 클래스 10은 그런 먼지가 열 개 있다는 것이다. 10마이크로미터는 100분의 1밀리미터다. 참고로 사람 머리카락의 직경이 보통 100마이크로미터, 대장균의 길이가 2~3마이크로미터 정도라고 한다.

앞에 나온 단위들 외에 진짜 반도체에서만 사용하는 단위로 '게이트 카운트(gate count)'가 있다. 이는 전자공학 중에서도 반도체 분야에서만 사용하는 단위인데 11장에서 자세히 설명하겠다. 다이(die)의 복잡도와 다이의 크기(면적)를 동시에 나타내는 단위로 '10만 게이트', '120만 게이트'라는 식으로 사용한다. 필자는 개인적으로 이 단위를 매우 싫어한다. 복잡도면 복잡도, 면적이면 면적이나 제대로 나타낼 것이지, 둘을 동시에 나타낸다는 소리는 결국 둘 다 제대로 표현하지 못한다는 소리다. 그래서 싫어하지만 언어에는 사회성이 있다. 필자가 아무리 싫어해도 모두들 이 단위를 사용하기에

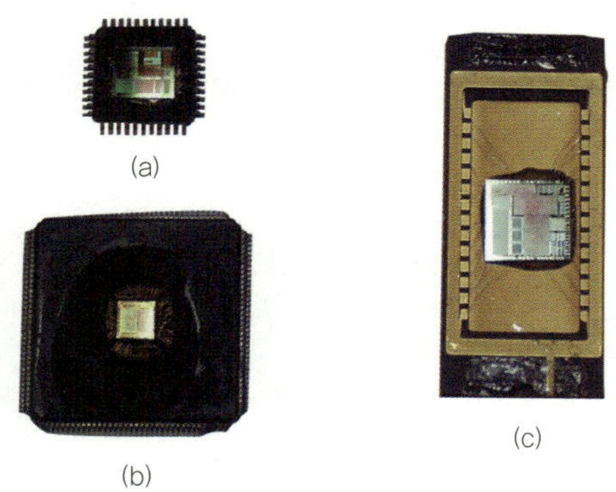

그림 4.1 여러 가지 반도체 칩 내부의 다이들

뒤에서 설명을 하겠다.

다이란 그림 4.1에서 빛이 반사되는 사각형 부분으로, 칩 내부의 실제 실리콘을 의미한다. 일반인들이 보는 반도체 칩은 사실 실리콘이 아닌 실리콘을 덮어 싼 플라스틱을 보는 것이다. 그 플라스틱 내부의 진짜 실리콘을 다이라고 한다. 그림 4.1에서 보듯이 칩이 크다고 꼭 다이가 큰 것은 아니다. (a)와 (b)를 비교해 보면, 칩은 (b)가 크지만, 다이는 (a)가 크다. (b)가 큰 것은 칩의 핀(pin)이 많아서 어쩔 수 없이 커진 것이다. 뒤에 자세히 다루겠다.

모스란?

해발 1000미터의 산꼭대기에서 떨어뜨린 야구공에 맞은 사람과 100미터 높이의 절벽에서 떨어뜨린 야구공에 맞은 사람 중 누가 더 아플까?

야구공의 재질에 따라 다르다? 헬멧을 쓰지 않은 사람이 더 아프다? 신경이 예민한 사람이 더 아프다? 모두 맞는 말이다. 그런 모든 조건이 동일하다면 아마도 야구공에 맞은 사람의 위치에 따라 다를 것이다. 해발 1000미터의 산 정상에서 떨어뜨린 공을 해발 990미터 높이에서 맞은 사람은 분명 절벽 아래를 지나다가 100미터 절벽 위에서 떨어뜨린 공에 맞은 사람보다 덜 아플 것이다.

1000미터 높이에 있는 공은 100미터 높이에 있는 공보다 위치 에너지가 크다. 그러나 1000미터에서 990미터로 떨어뜨린 공보다는 100미터로 떨어뜨린 공의 에너지가 훨씬 더 크다. 즉 현재 어느 정도의 위치 에너지를 가지고 있느냐 보다는 위치 에너지의 변화가 얼마만큼 있었느냐가 중요하다.

해발 1000미터의 산과 500미터의 산 중 어느 쪽이 더 높을까? 1000미터 높이의 산이 해발 700미터의 산동네에 있고, 500미터의 산이 해수면보다 100미터나 낮은 동네에 있다면, 해발 500미터의 산이 더 높아 보일 것이다.

모든 것은 상대적이다. 절대적으로는 해발 1000미터의 산이 높지만, 사람이 실제로 느끼기에는 500미터의 산이 더 높다고 느끼는 것이다.

전압과 전류의 표기방법

전압은 '전위(電位)의 차'다. 전압은 상대적인 값이지 절대적이 아니다. 따라서 어떤 기준이 필요하며, 그 기준보다 높은지 낮은지 나타내 주어야 한다. 그림 5.1에서 노드(node) a가 b보다 전위가 높다면 전류는 a에서 b로 흐른다. 노드란 전기적으로 구분되는 한 지점을 말한다. 이 때 노드 a와 b의 전위차가 2볼트라면 이것은 $V_{ab} = 2V$라고 표시한다. 노드 b를 기준으로 했을 때 노드 a는 2볼트가 높다는 것이다. 만약 V_{ba}가 얼마냐고 묻는다면, 이 때는 노드 a를 기준으로 노드 b의 전압을 묻는 것이다. 그러므로 $V_{ba} = -2V$라고 하면 된다. 즉 뒤에 쓰이는 노드가 기준이 되는 것이다.

전류의 경우도 비슷하다. 전류는 전하의 흐름이다. 따라서 방향이 있다. 회로도에서 전류는 영문자 I로, 전류의 방향은 화살표로 나타낸다. 그림 5.1의 경우 노드 a에서 b로 1밀리암페어의 전류가 흐른다는 의미다. 그런데 같은 경우

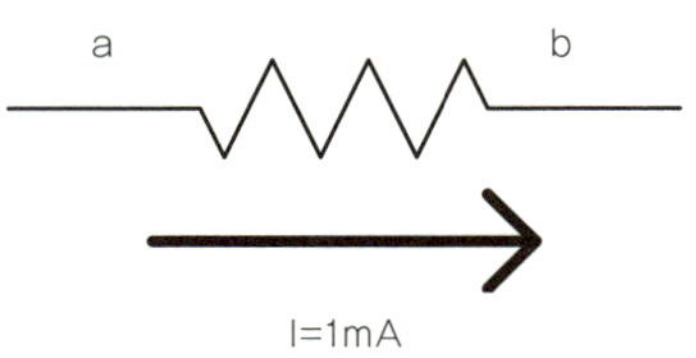

그림 5.1 전압과 전류

화살표의 방향을 노드 b에서 a로 표시하고 전류가 얼마나 흐르냐고 묻는다면 I =−1mA라고 한다. 즉 그림 5.2의 (a)와 (b)는 같은 그림이다. 전류가 '−'라는 소리는 전류가 생기는 의미가 아니라 방향이 반대라는 의미다.

왜 모스인가?

모스(MOS)란 3장에서 언급했듯이 FET의 한 부류인 MOSFET(Metal Oxide Silicon Field Effect Transistor)의 약자다. 모스라는 이름은 이 트랜지스터의 수직 구조의 모양에서 나왔다. 그림 5.3에서처럼 맨 위(분홍색 부분)가 알루미늄(Al)인 메탈(metal, 금속), 그 아래(하늘색 부분)가 규소가 산화된 산화규소(SiO_2)인 산화층(oxide), 맨 아래(흰색)는 규소(silicon)로 구성되어 있어서 그 순서대로 Metal, Oxide, Silicon의 약자로 MOS라는 이름이 붙었다. 그러나 맨 위층의 메탈층은 MOS가 발명된 초기에 그렇게 만들었고 요즘은 폴리 실리콘

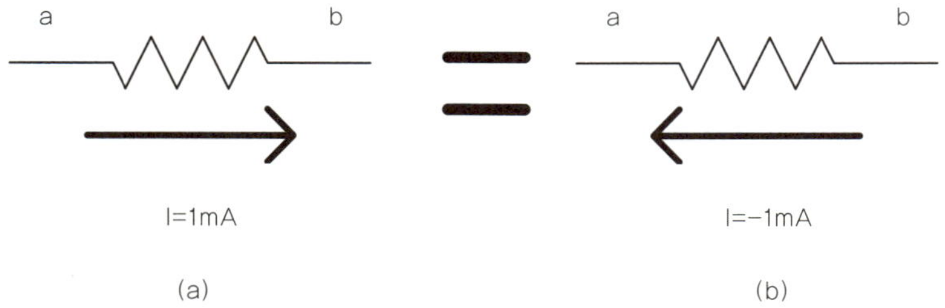

그림 5.2 전류의 방향에 따른 표기법 (a) = (b)

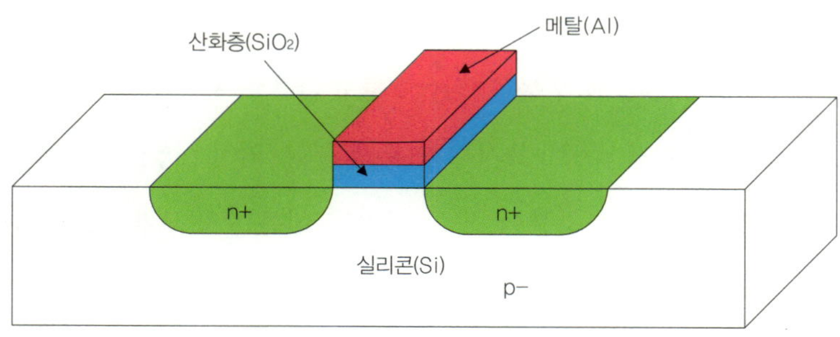

그림 5.3 모스의 구조

(poly silicon, 줄여서 흔히 poly라고 함)으로 대체되었으나 명칭은 여전히 MOS라고 한다.

맘모스와 엔모스

그림 5.4의 엔모스(NMOS)의 수직 구조(vertical structure)를 보면, 그림 5.3과 비교했을 때 맨 위층의 빨간색 부분이 알루미늄에서 폴리로 바뀌어 있다. 요즘은 알루미늄 대신에 폴리를 사용하기 때문이다. n+로 표시된 연두색 부분과 p-로 표시된 흰색 부분은 둘 다 규소

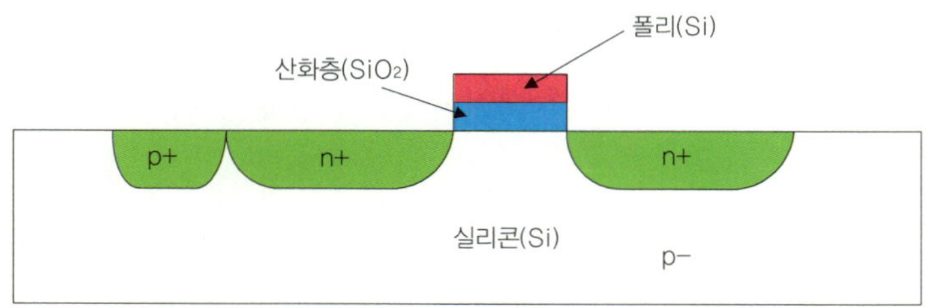

그림 5.4 엔모스의 수직 구조

(Si)인데 n+ 부분은 2장에서 설명한 n-type 불순물을 주입한 부분이고, p−로 표시된 흰색 부분은 p-type 불순물을 주입한 부분이다.

또 새로 생겨난 p+로 표시된 연두색 부분 역시 p-type 불순물을 주입한 부분이다. 이 부분이 새로 삽입된 이유는 반도체 제조를 쉽게 하기 위해서인데, 이 부분이 없으면 p− 부분에 전압을 가하기 위해서 규소의 바닥 부분으로 전압을 가해야 한다. 즉 폴리나 n+ 부분은 규소의 위쪽에서 도체를 사용해 전압을 가할 수 있는데, p− 부분은 규소의 바닥 쪽이라서 도체를 연결하는 데 불편함이 있다. 그래서 p− 부분도 다른 부분들처럼 위쪽에서 전압을 가할 수 있게 제조하려고 위쪽에 p+ 부분을 만든 것이다.

2장에서 설명했듯이 n-type 불순물을 주입한 n-type 반도체에는 홀보다 전자가 압도적으로 많아 전자가 다수 캐리어고 홀은 소수 캐리어다. 반면에 p-type 불순물이 주입된 p-type 반도체에는 홀이 전자보다 압도적으로 많아 홀이 다수 캐리어, 전자가 소수 캐리어다. 캐리어란 전기를 운반해 준다는 의미다. 여기서 불순물의 농도를 조절할 수 있는데, 주위와 비교해서 농도가 높으면 '+'로 표시하고, 농도가 낮으면 '−'로 표시한다. 그림 5.4에서 p+는 p−보다 p-type 불순물의 농도가 높다는 의미다. 그 정도는 반도체 회사마다 다르고, 제조 공정마다 다르지만 p+ 부분은 p− 부분보다 약 천 배 정도 p-type 불순물의 농도가 높다. 여기서 +, − 표시 때문에 p-type 반도체는 양의 전기를 띠는 홀이 전자보다 많아 양전하인데 −로 표시하면 음의 전기를 띤 홀인가 하는 혼동을 일으킬 수 있다.

p+, p-의 표시는 불순물 농도의 차이를 상대적으로 나타내는 것으로 p+는 p-에 비해 p-type 불순물의 농도가 높다는 것을 나타내는 표시임을 다시 한 번 강조한다. 뒤에 n+, n- 표기도 나오는데 마찬가지로 n+ 부분이 n- 부분보다 n-type 불순물의 농도가 높다는 의미지, n+ 부분이 양의 전기를 띤다는 말이 아니다. 즉 p+, p-, n+, n-에서 +, -는 전기적 특성을 나타내는 것이 아니라 불순물의 농도를 나타낸다.

전기적 특성은 p, n 부분이 전기적 특성을 나타내는 것으로 p+, p- 부분은 양이라는 의미로 양전하 홀이 많은 p-type 반도체이고, 다시 말해 n+, n- 부분은 음이라는 의미로 전자가 다수 캐리어인 n-type 반도체를 의미한다.

다시 그림 5.4로 돌아가면, p+ 부분은 아래의 p- 부분에 전압을 가하기 위해 삽입했다고 했는데, 왜 하필 p+로 하는가? p-이면 안 되는 것인가? 그것은 전기적 특성 때문에 그렇다. p- 부분에 직접 도체를 연결해서 전압을 가하는 것보다 농도가 짙은 p+를 도체에 연결시키고 그 p+를 p-에 연결시키는 것이 p-에 직접 도체를 연결시키는 것보다 훨씬 전압의 전달이 잘되기 때문이다. 이렇게 '도체→p+→p-'로 연결시키는 것을 오믹 컨텍(ohmic contact)이라 한다. n-type 반도체에서도 마찬가지다. n-에 도체를 연결시킬 때는 중간에 n+ 반도체 층을 만들어서 '도체→n+→n-' 순으로 연결시키는 것이 좋다.

와플, 웨하스, 웨이퍼

MOS에 대해 더 들어가기 전에 웨이퍼(wafer)에 대해 조금 설명하면, 웨이퍼는 그림 5.5와 같이 생긴 얇은 규소판으로 가공하기 전의 새 모습이다. 이런 가공 전의 웨이퍼를 아직 옷을 입지 않은 발가벗은 상태라 하여 베어 웨이퍼(bare wafer)라고 한다. 이 베어 웨이퍼에 여러 단계의 물리적, 화학적 가공을 하여 표면에 IC를 형성시키는데, 그 가공단계를 거치고 나면 그림 5.6과 같은 모습이 된다. 그 모양이 마치 우리가 먹는 '와플' 모양이다.

그림 5.6에서 보면, 둥근 웨이퍼 위에 작은 사각형들이 밀집되어 있다. 이 사각형 하나하나가 전자 회로가 집적되어 있는 진짜 IC들인데, 이것을 다이(die)라고 한다. 맨눈으로 보기에는 이 다이들이 서로 붙어 있는 듯 보이지만, 사실은 다이와 다이들은 일정한 간격을 두고 서로 떨어져 있다. 이 떨어뜨린 간격을 스크라이브 라인(scribe

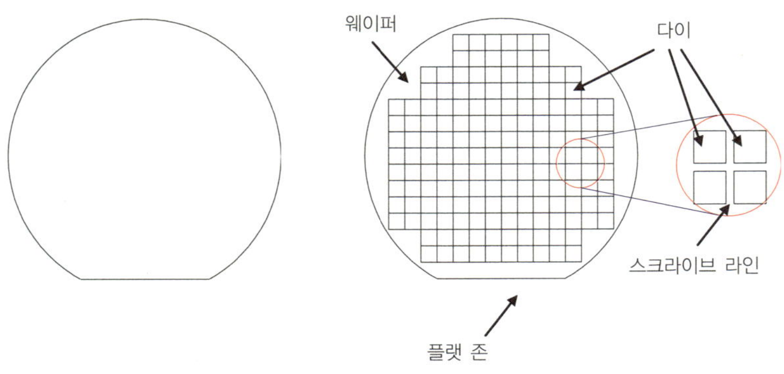

그림 5.5 베어 웨이퍼　　　　　**그림 5.6** 가공된 웨이퍼

line)이라 한다. 다이와 다이 사이에 이처럼 스크라이브 라인을 두는 이유는, 웨이퍼 가공이 다 끝난 후 이 다이들을 한 개씩 잘라서 조립하여 칩으로 만들기 위해 다이아몬드 톱으로 잘라 낼 수 있는 폭을 두는 것이다. 이 폭을 스크라이브 라인 폭(scribe line width)이라 하는데, 이 폭은 80년대 초반 약 200마이크로미터에서 점점 줄어들어 요즘은 약 70마이크로미터 정도다. 물론 기술의 발전에 따라 이 폭은 점점 더 줄어들 것이다(7장 중 '반도체 포장'에서 다룰 것임).

다이아몬드 톱으로 다이를 잘라 내는 과정을 톱질한다는 의미로 소잉(sawing) 작업이라고 한다. 이 잘라낸 다이는 그림 5.7 (a)와 같고 (a)를 플라스틱이나 세라믹으로 덮어씌우면 그림 (b)와 같은 반도체 칩이 되는 것이다.

그림 5.6의 플랫 존(flat zone)은 웨이퍼 가공시 기준선이 된다. 즉 이 플랫 존을 기준으로 웨이퍼가 바로 놓였는지, 각도가 어느 정도 틀어져 있는지 등을 판단한다. 근래에는 그림 5.8과 같이 플랫 존이 없고 대신에 노치(notch)가 있는 웨이퍼도 있다. 노치 웨이퍼에서

그림 5.7 소잉된 다이와 칩

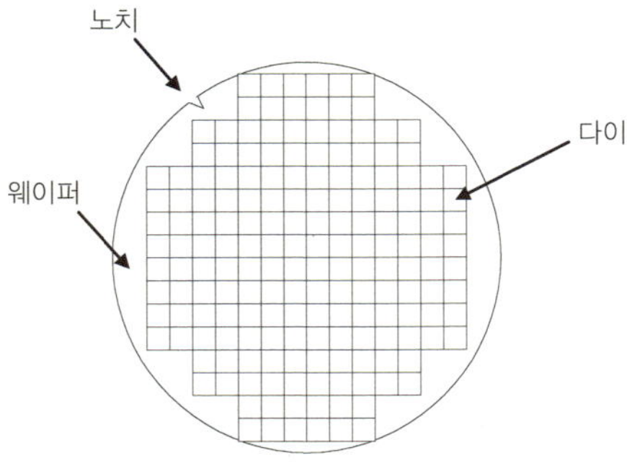

그림 5.8 노치 웨이퍼

는 이 웨이퍼에 파인 작은 홈 노치가 플랫 존의 역할을 한다. 그림 5.6과 5.8을 비교해 보면 당연히 노치 웨이퍼가 플랫 존 웨이퍼보다 더 많은 다이가 들어가 있는 것을 알 수 있다. 이 점이 노치 웨이퍼의 장점이다. 물론 제조장비가 이 노치를 인식할 수 있는 장비일 때 말이다.

엔모스의 속살

그림 5.9는 NMOS가 형성된 웨이퍼를 수직으로 절단한 면을 보여주는 것이다. 여기서 바닥의 흰색 부분은 NMOS를 형성시킬 기판에 해당되므로 서브스트레이트(substrate) 또는 벌크(bulk)라고 한다. 이 서브스트레이트는 웨이퍼 그 자체다. 왼쪽부터 명칭을 살펴보면, 맨 왼쪽의 p+ 부분을 픽 업(pick up)이라고 한다. 이 픽 업은 서브스트레이트에 전압을 공급하기 위한 것이고, 이것이 위쪽에 배치됨으로

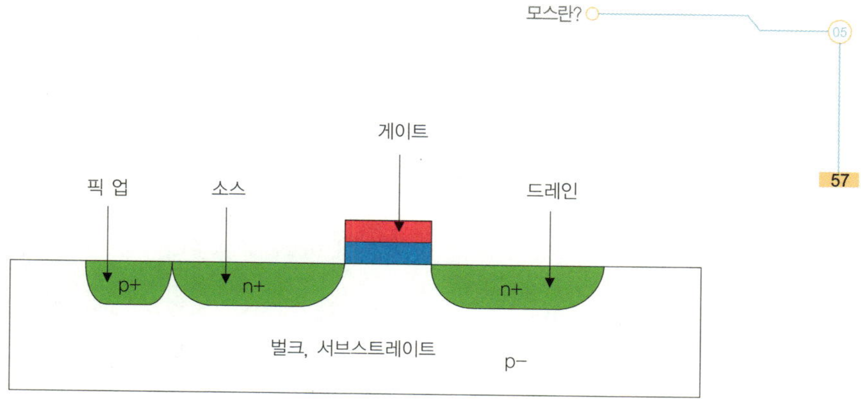

그림 5.9 NMOS의 전극

써 웨이퍼 뒷면을 가공하지 않아도 되는 장점이 있다.

그리고 그 옆의 n+ 부분은 '근원'이라는 의미로 소스(source)라고 한다. 즉 n-type 반도체에선 전자가 다수 캐리어로 NMOS에선 전자가 캐리어가 되는데, 이 캐리어의 근원이라는 이야기다. 맨 오른쪽의 드레인(drain)은 캐리어가 빠지는 곳이라 하여 붙은 이름이다. MOS에서는 이 소스와 드레인이 같은 타입(type)이다. 즉 소스가 n-type이면 드레인도 n-type이고, 소스가 p-type이면 드레인도 p-type이다. 이 소스와 드레인이 n-type이면 NMOS, p-type이면 PMOS가 된다.

소스와 드레인 사이에 하늘색 부분은 부도체인 산화층이다. 이 산화층은 산화규소(SiO_2)로 이루어져 있고, 그 위에 다시 도체인 폴리가 있는데, 이 폴리층을 게이트(gate)라고 한다. 캐리어가 지나다니는 문이라는 말이다.

이렇게 NMOS에는 소스, 드레인, 게이트, 서브스트레이트 등 네 개의 전극이 존재한다. 전자공학에선 NMOS를 그림 5.10의 (a)와 같은 기호(symbol)로 표시하는데, 특수한 경우를 제외하고는 NMOS의 서브스트레이트는 접지 전압(0볼트)을 걸어 주기에 굳이 일일이 표시할 필요가 없어서 (b)의 기호를 더 많이 사용한다.

지금까지 NMOS의 구조와 명칭에 대하여 설명했는데, 이것들을 입체적으로 잘 기억해 두기 바란다. 그림 5.11에서는 NMOS의 입체 구조와 단면도, 평면도를 나타냈는데, 이것들과 NMOS의 기호를 자유자재로 연관시킬 수 있어야 한다. 반도체 설계팀에선 그림 5.10과 5.11 (c)를 주로 다루는 한편, 제조팀에선 그림 5.11 (b)와 (c)를 주로 다루기 때문에 서로 의사소통을 하기 위해서는 네 가지 그림이 한꺼번에 떠올라야 한다.

그림 5.11 (c)와 같은 그림을 특별히 레이아웃(layout)이라 하는데, 반도체 설계의 최종 단계의 산출물이다. 반도체 제조팀에서는 이 레이아웃을 가지고 실리콘 웨이퍼와 레이아웃이 똑같은 모양이 되도록 웨이퍼를 가공한다. 즉 그림 5.7의 다이를 현미경으로 천 배쯤

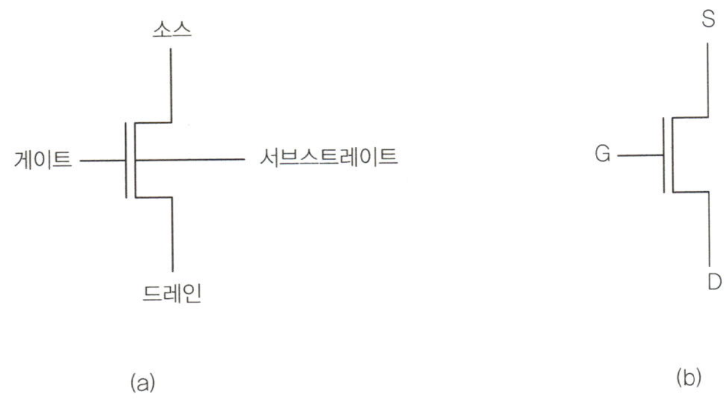

그림 5.10 NMOS 의 기호

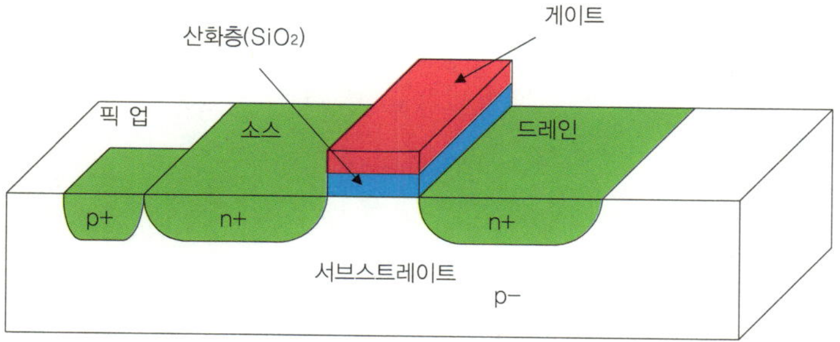

(a) NMOS의 입체구조

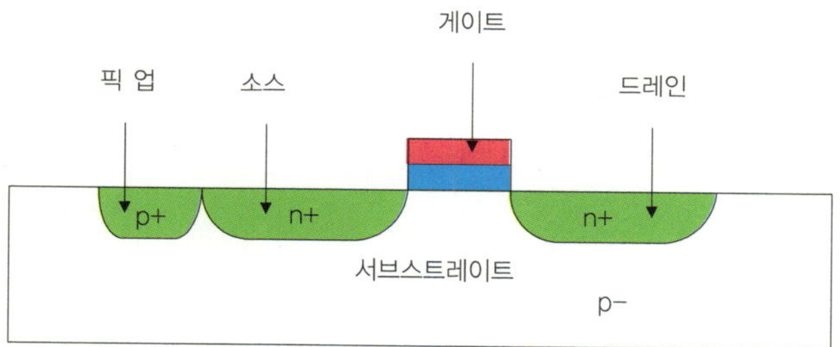

(b) NMOS의 단면구조

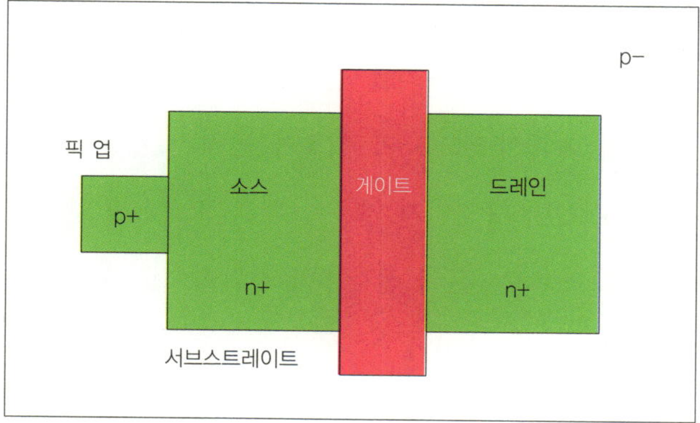

(c) NMOS의 평면구조

그림 5.11 NMOS의 구조

확대시켜 보면 그림 5.10과 같은 모양이 보이는 것이 아니라, 그림 5.11 (c)와 같은 도형들이 보인다.

엔모스는 어떻게 동작할까?

그림 5.12는 전자공학과 전기공학에서 사용하는 전원과 접지를 나타내는 기호이다. 전원은 VDD, Vdd, VCC, Vcc 등으로 표기하며 회로에 공급되는 전압을 나타낸다. 또한 접지는 VSS, Vss, GND, gnd 등으로 표기하며 회로의 기준이 되는 전압으로, 산의 높이를 말할 때 '해발'이라는 말을 붙이는 것과 비슷하고, 0볼트라고 생각하면 이해하기 쉽다. 즉 노드가 5볼트라고 하면 접지에 비해 전압이 5볼트라는 의미다. 반도체에서 사용되는 Vdd는 80년대 5.0볼트에서 요즘은 1.8볼트까지 내려갔다. 이 전원 전압은 사용하는 공정에 따라 달라지는데, 계속 낮아지고 있다.

지금까지 NMOS의 동작원리를 설명하기 위하여 먼 길을 왔다. 이제 본론으로 들어가서 NMOS가 어떻게 동작하는지 살펴보면 그림 5.13은 아직 전압이 가해지지 않은 상태의 NMOS를 나타내고 있다. p-type의 벌크(B)에는 홀이 전자보다 압도적으로 많이 존재하고

그림 5.12 전원과 접지의 회로 기호

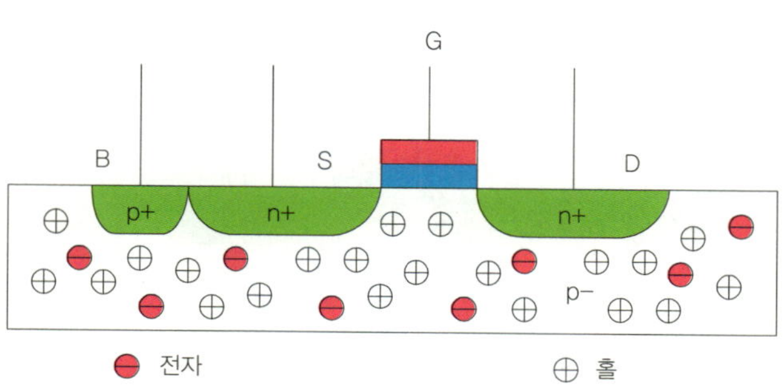

그림 5.13 전압이 가해지지 않은 상태의 NMOS

있다. 지금은 소스(S), 드레인(D)은 볼 필요가 없어서 벌크의 캐리어들만 표시했다.

앞에서 전압은 전위의 차이이기 때문에 뭔가 기준이 있어야 한다고 했다. 그림 5.14에서 소스와 벌크는 둘 다 접지되어 있다. 벌크에는 픽 업(p+)을 통해 0볼트가 가해진다. 그림 5.14는 V_{GS}가 0볼트보다 작을 때이다. V_{GS}란 소스에 대한 게이트(G)의 전압인데, 소스는 접지, 즉 0볼트이므로 게이트의 전압이 음이다. 그리고 소스와 벌크는 같은 전압이므로 벌크에는 0볼트, 게이트에는 마이너스 전압이

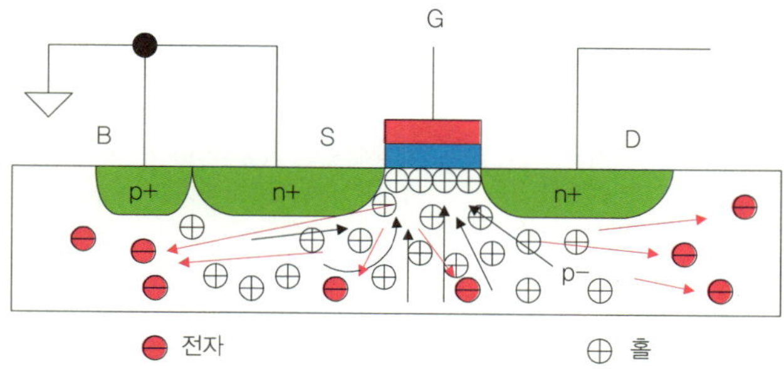

그림 5.14 V_{GS} < 0볼트일 때의 NMOS

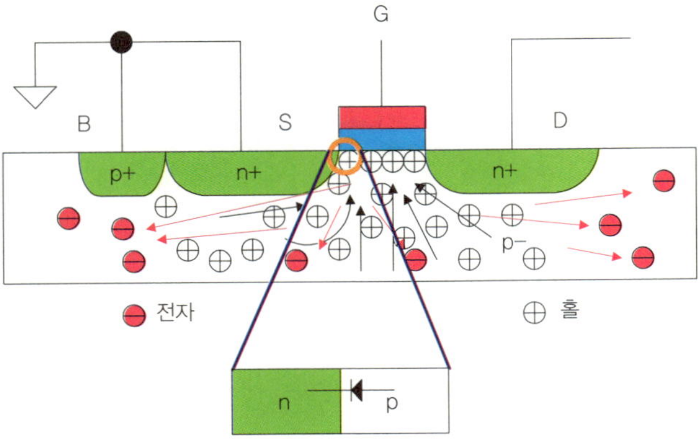

그림 5.15 $V_{GS} < 0$볼트일 때 NMOS의 게이트 아랫부분

걸렸다는 의미다. 게이트에 마이너스 전압이 걸렸으니, 양전하인 벌크의 다수 캐리어 홀들이 게이트 쪽으로 몰려든다. 자석에서 N극과 S극이 서로 끌어 당기는 것을 연상하면 된다. 그러나 게이트 바로 밑에 부도체인 산화규소(SiO_2, 하늘색 부분) 층이 존재하므로 게이트에 도달하지는 못하고 게이트 밑으로 몰려든다. 게이트 아랫부분을 확대하면 그림 5.15와 같다.

즉 소스는 n-type 반도체이고 게이트 아랫부분은 홀들이 몰려 있으니 p-type 반도체이다. 이것은 2장에서 설명한 다이오드와 같은 구조이다(그림 2.2~2.4). 이 다이오드에 전류를 흐르게 하기 위해서는 다이오드의 양극(p-type 반도체)에 음극(n-type 반도체)보다 문턱 전압(약 0.7볼트) 이상 높은 전압이 가해져야 하는데 지금은 소스와 벌크의 전압이 같다. 즉 다이오드의 양극 p-type 반도체의 전압이 다이오드의 음극 n-type 반도체보다 문턱 전압 이상으로 높지 않아서 2장에서 설명한 대로 소스에서 드레인으로 캐리어(전자)가 이동하지

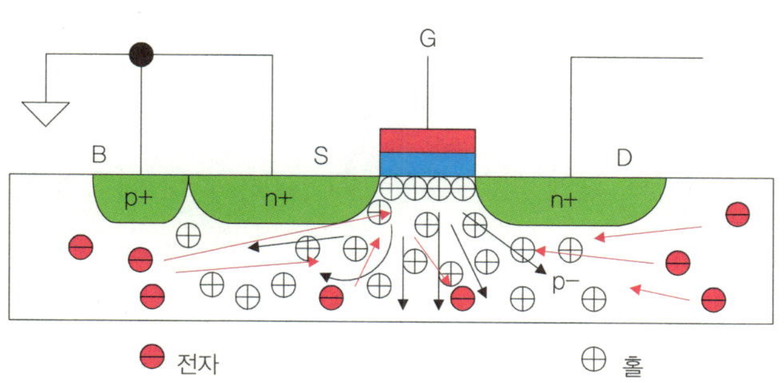

그림 5.16 V_{GS}~0볼트에서 NMOS의 홀과 전자들의 이동

못한다. 이렇게 소스와 드레인 사이에 전류가 흐르지 않는 상태를
오프(off) 상태라 한다.

게이트의 전압이 음의 값에서 양의 전압으로 점점 올라가게 되면
게이트 밑에 모인 홀들이 같은 전기를 띠는 게이트에 반발하여 게이
트 쪽에서 떨어져 멀리 이동하게 되고(자석의 같은 극끼리는 서로 밀치
는 것을 연상하면 된다), 음전하인 전자들은 양의 전기를 띠는 게이트
쪽으로 이동하기 시작한다(그림 5.16).

V_{GS}가 점차 올라가서 일정 전압에 이르면 그림 5.17과 같이 게이

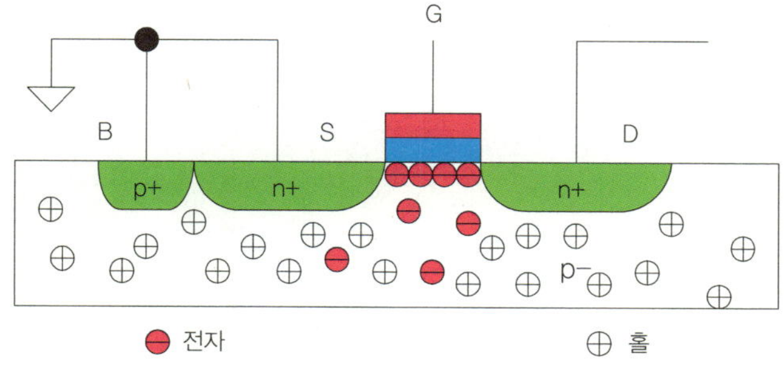

그림 5.17 V_{GS} = V_T에서 NMOS의 상태

트 밑에 전자들이 모여 소스와 드레인을 연결시켜 준다. 소스와 드레인도 전자가 다수 캐리어인 n-type이고, 그 사이를 전자들이 연결시킨다. 이 게이트 밑에 모인 전자들의 층(layer)을 캐리어가 지나다니는 통로라 하여 채널(channel)이라 한다. 이렇게 채널이 형성되면 전자는 소스에서 드레인으로 이동이 가능하고 전류는 드레인에서 소스로 흐르게 된다. 이렇게 채널을 형성시키는 일정한 어떤 전압을 문턱 전압(threshold voltage) V_T라고 한다. 전류가 흐르므로 이 상태를 NMOS가 온(on) 되었다고 한다.

NMOS는 V_{GS}가 문턱 전압 V_T보다 낮으면 오프 되고, V_T보다 높으면 온 된다. 물론 V_{GS}가 더 높아질수록 채널이 더 두껍게 형성되어 전류는 더 많이 흐른다. 문턱 전압 V_T는 공정에 따라 다른데, 요즘은 0.6볼트 정도 된다. 나중에 자세히 다루겠으나, 아날로그(analog)와 디지털(digital)의 차이를 MOS 수준에서 구분하면 바로 이 점이다. 즉 디지털에서는 MOS의 온, 오프만 다루는 데 반하여, 아날로그에서는 온, 오프 이외에도 온이 되는 수준이 얼마나 되는지를 따지고 이용한다.

이상의 내용을 요약하면 다음과 같다.

NMOS는

$V_{GS} \geq V_T$이면 온 되고,

$V_{GS} < V_T$이면 오프 된다.

V_T는 약 0.6볼트 정도이다.

NMOS에서 소스와 드레인은 물성적으로 하등의 차이가 없다. 단지 전압에 의해서 소스가 되고 드레인이 되는 것이다. NMOS에서 캐리어는 전자이므로 음전하인 전자의 소스가 되기 위해선 음의 전압 쪽 즉, 전압이 낮은 노드가 소스가 되고 그 반대쪽이 드레인이 되는 것이다. 쉽게 외우려면 Vss가 걸리는 쪽이 소스, 그 반대편이 드레인이라고 생각하면 된다. 그래서 NMOS에서 전류는 전자 이동의 반대 방향인 드레인에서 소스 쪽으로 흐른다.

피모스

그림 5.18에서는 피모스(PMOS)의 구조를 나타내었다. 기본적으로 그림 5.11의 NMOS와 같다. 다른 점은 소스, 드레인이 PMOS에선 p-type이다. 그래서 PMOS라 하는 것이다.

그리고 한 가지 더 다른 점은 n-well이라는 노란색 부분이 추가된 점이다. NMOS에선 벌크가 곧 서브스트레이트였지만, PMOS에선 이 n-well이 벌크가 된다. 왜냐하면 서브스트레이트는 웨이퍼 자체인데, 웨이퍼가 p-type이기에 n-type 벌크를 만들어 주기 위하여 이 n-well을 만들어 넣은 것이다. 이 n-well은 PMOS의 소스(p+)와 드레인(p+)보다 낮은 농도의 n-type을 도핑하기에 n−로 표시한다.

n-well을 사용하는 이유는 PMOS에선 소스와 드레인이 p-type이기에 p-type 서브스트레이트 위에 p-type 소스와 드레인을 만들면 전류가 소스와 드레인 사이로 흐르기 전에 소스와 벌크, 드레인과

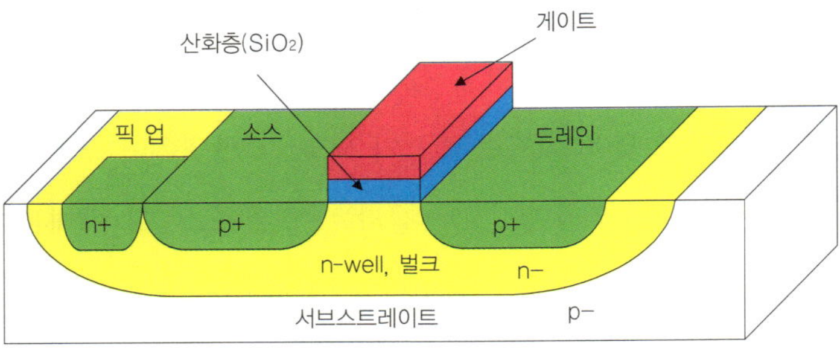

(a) PMOS의 입체구조

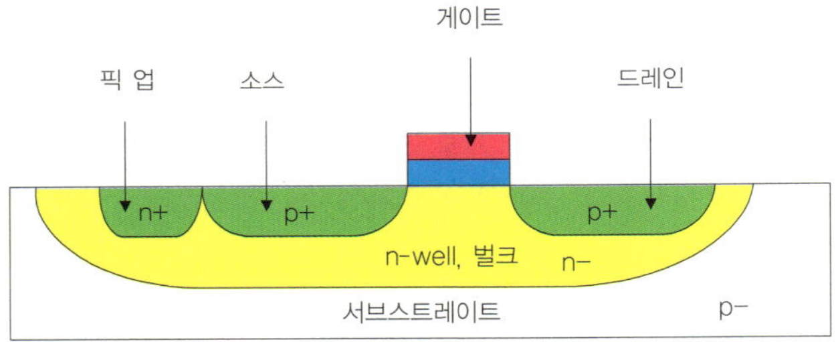

(b) PMOS의 단면구조

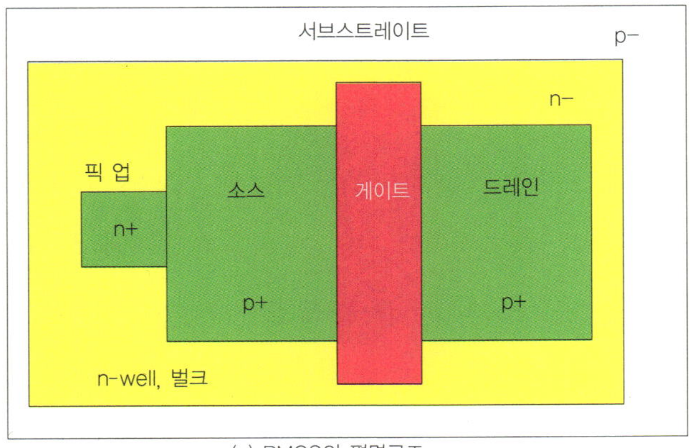

(c) PMOS의 평면구조

그림 5.18 PMOS의 구조

벌크 사이로 흐르는 전류를 통제할 방법이 없기 때문이다. 하지만 소스와 드레인 사이에는 게이트가 있어서 이 게이트를 열고 닫아서 전류를 통제할 수 있다.

NMOS에선 소스, 드레인이 n-type이고 서브스트레이트가 p-type 이기에 자연적으로 다이오드가 형성되어 벌크로 전류가 흐를 수 없기 때문에 웰을 사용할 필요가 없었다. 웰은 소스, 드레인을 충분히 내포할 수 있도록 깊게 만든다. n-well이 PMOS를 사용하기 위하여 일부러 만들어 넣은 것이라면, 처음부터 웨이퍼를 p-type이 아닌 n-type 웨이퍼를 사용하면 되지 않을까? 답은 '예스'이다. 이에 대한 답은 반도체 역사에서 찾을 수 있다.

3장의 표 3.2에서 트랜지스터의 변천사를 보면 PMOS 다음에 NMOS가 나온다. MOS 초기에는 n-type 웨이퍼를 사용했다. 즉 서브스트레이트 자체가 n-type이었기에 굳이 n-well을 만들 필요 없이 그림 5.19와 같이 제조했었다.

그림 5.19와 5.9의 NMOS를 비교해 보자. n이 p로, p가 n으로 바뀐 것 외엔 정확히 일치한다. n-well 없이 PMOS를 제조했다. 이것은

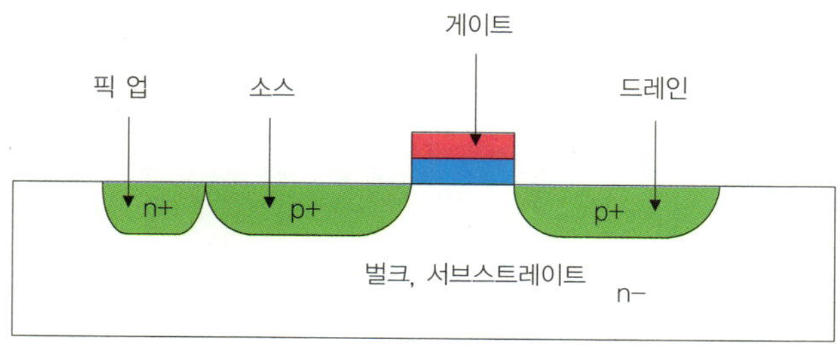

그림 5.19 n-type 웨이퍼 위의 PMOS

초기에 n-type 웨이퍼를 사용했기 때문이다. 그러나 PMOS는 동작 속도가 늦은 단점이 있다. 즉 반도체의 동작 속도를 높이는 데 한계에 부딪혔다. 그것을 개선한 것이 NMOS다. 그 때는 당연히 p-type 웨이퍼를 사용했다 . 역사는 정반합이라고 하지 않았던가? PMOS를 버리고 NMOS로 우르르 몰려갔던 사람들은 이제 NMOS와 PMOS를 같이 사용하기 시작했다. 그것이 시모스(CMOS)다. NMOS는 동작 속도는 빠르지만, 전류 소모가 큰 단점이 있다. 그래서 NMOS의 단점을 보완하기 위해서, NMOS를 위해 사용한 p-type 웨이퍼 위에 n-type의 n-well이라는 커다란 우물(well)을 파고 그 위에 PMOS를 띄워 놓았다. PMOS의 입장에선 n-type 웨이퍼 위에 있는 것이나 다름 없는 것이다.

이 책의 초점은 CMOS 기술이다. 그래서 그림 5.18과 같이 CMOS 공정기술에서 PMOS를 제조하는 기술을 그린 것이다. 하지만 PMOS 단독으로 볼 때는 n-well 밑에 존재하는 p-type 서브스트레이트는 n-well을 지지해 주는 기계적 역할일 뿐 하등의 전기적 역

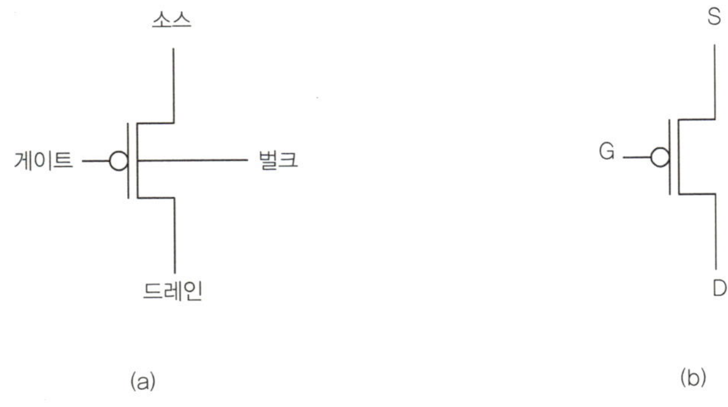

그림 5.20 PMOS의 전자회로 기호

할이 없기에 앞으로 PMOS 자체에 대하여 설명할 때는 p-type 서브 스트레이트를 배제하고 설명하겠다. PMOS는 전자공학에서는 그림 5.20과 같은 기호로 표시한다. 전자공학에서 동그라미(bubble)는 통상적으로 부정적인 반대 의미를 나타낸다.

PMOS도 특별한 경우가 아니면 NMOS와 마찬가지로 벌크는 전원 전압(VDD)을 걸기에 그림 5.20 (b)와 같이 벌크 단자를 생략해서 많이 사용한다.

피모스는 어떻게 동작하나?

PMOS의 동작은 NMOS와 반대로 보면 된다. 그림 5.21에서 전압이 걸리지 않은 상태의 PMOS를 나타냈다. PMOS의 벌크인 n-well은 다수 캐리어가 홀이 아닌 전자이므로 전자가 압도적으로 많이 존재한다.

또한 그림 5.22는 PMOS의 벌크와 소스가 전원 Vdd에 걸린 상태에 $V_{GS} > 0$볼트 즉, 게이트의 전압이 소스의 전압보다 높을 때($V_G - V_s > 0$)인데, 그림에서 보듯이 소스와 벌크는 같은 전압이므로 게이트의 전압이 벌크의 전압보다 높을 때의 상태이다. 게이트 전압이 벌크의 전압보다 높다는 의미는 게이트 전압은 양의 전기, 벌크는 음의 전기를 띠는 것과 마찬가지여서 음전하인 전자들은 게이트 밑으로 몰려들고, 양전하인 홀들은 게이트 전압에 반발하여 게이트에서 멀어지는 쪽으로 이동해 있다. 이 때 게이트 아랫부분을 확대하면

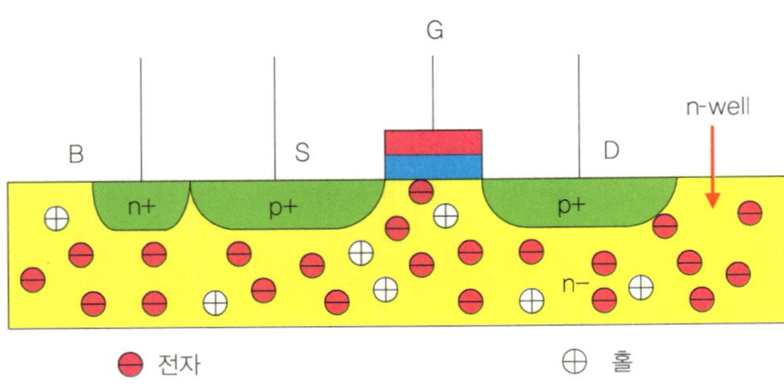

그림 5.21 전압이 걸리기 전의 PMOS의 상태

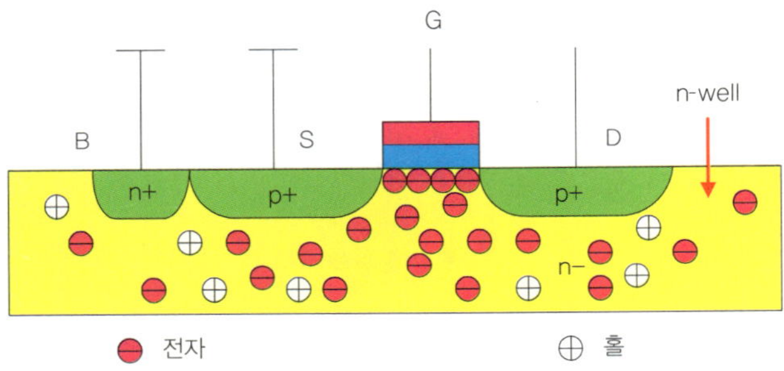

그림 5.22 V_{GS} > 0볼트일 때 PMOS의 상태

그림 5.23과 같이 p-n 다이오드가 형성되어 있는데, 이 다이오드가 전류를 흐르게 하려면 p-type 쪽의 전압이 n-type 쪽의 전압보다 문틱 전압 이상으로 높아야 한다. 그런데 현재 다이오드의 p-type과 n-type이 동일하게 전원 Vdd가 걸려 있다. 따라서 전류가 흐르지 못하는 상태를 PMOS가 오프 되었다고 한다.

이 상태에서 게이트의 전압이 점점 내려가 음의 값을 띠게 되면, 즉 V_{GS} < 0볼트가 되면 같은 음의 전하를 띤 전자들이 게이트에서 멀어지고, 홀들은 게이트 쪽으로 끌려 들어가 그림 5.24와 같이 된

다. 이 때는 소스도 p-type, 드레인도 p-type, 게이트 아랫부분도 p-type이다. 즉 소스와 드레인이 연결된 것이다. NMOS에서와 마찬가지로 캐리어인 홀이 지나다니는 길이라 하여 채널이라 하고, 이 채널이 생기는 게이트 전압 V_{GS}를 문턱 전압 V_T라고 한다. NMOS에서는 채널이 n-type이었는데, PMOS에서는 p-type이다. 그리고 PMOS에서의 문턱 전압 V_T는 역시 공정에 따라 다르지만 요즘은 약 −0.6 볼트 정도 된다. NMOS에서는 V_T가 양의 값이었는데, PMOS에서는 음의 값을 가진다.

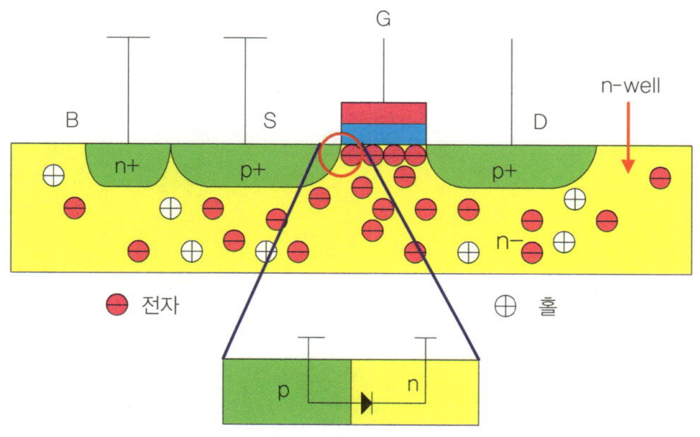

그림 5.23 V_{GS} > 0볼트일 때 게이트 아랫부분

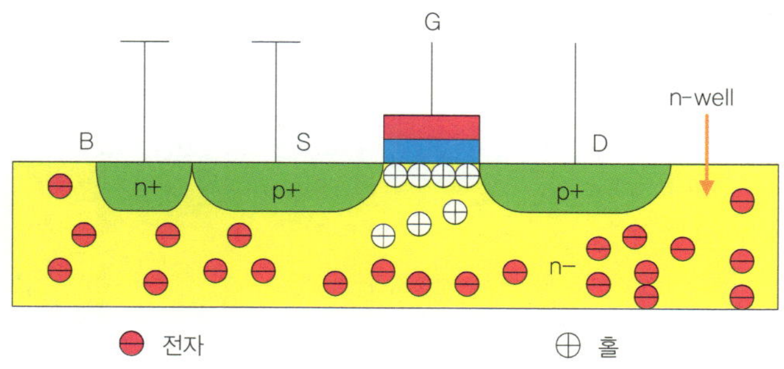

그림 5.24 V_{GS} = V_T일 때 PMOS의 상태(채널 형성)

NMOS에서와 마찬가지로 소스와 드레인의 물질적 차이는 없다. 단지 전압이 높은 쪽이 NMOS에서는 드레인이었는데, PMOS에서는 소스가 된다. 이는 PMOS는 캐리어가 홀이므로 홀의 근원이 되기 위해서는 전압이 높은 쪽이 되어야 하기 때문이다. 홀은 소스에서 드레인으로 이동하고 따라서 전류도 소스에서 드레인으로 흐른다. 이것을 정리하면 다음과 같다.

PMOS는

$V_{GS} \leq V_T$이면 온 되고,

$V_{GS} > V_T$이면 오프 된다.

V_T는 약 -0.6볼트 정도이다.

엔모스와 피모스의 차이

항 목	NMOS	PMOS
소스와 드레인 타입	n-type	p-type
캐리어	전자	홀
채널 타입	n-type	p-type
V_T	약 0.6v	약 − 0.6v
소스와 드레인 중 전압이 높은 쪽	드레인	소스
벌크 물질	p-type 서브스트레이트	n-type n-well
벌크 전압	Vss	Vdd
$V_{GS} \geq V_T$	온	오프
$V_{GS} < V_T$	오프	온

표 5.1 NMOS와 PMOS의 비교

잠시 중학생 시절로 돌아가 보자. 어떤 사람에겐 어린 시절을 돌아보는 것이 잔잔한 기쁨이 되기도 하고, 또 어떤 사람에겐 끔찍한 기억이 될 수도 있을 것이다. 당신은 어느 쪽인가?

중학교 시절 미술 시간에 판화를 찍어 본 경험이 있을 것이다. 판화는 같은 그림을 짧은 시간에 여러 장 찍어낼 수 있는 장점이 있다는 것은 누구나 알고 있는 사실이다. 우리는 중학교 미술 시간에 고무 판화, 다색 판화, 에칭(etching) 판화를 만들어 보았다.

고무 판화에 비해 다색 판화의 장점은 무엇인가? 고무 판화는 단색만으로 표현하는 데 비해, 다색 판화는 말 그대로 여러 가지 색을 이용해서 표현할 수 있다. 에칭 판화는 단색을 사용하지만, 고무 판화나 다색 판화보다 세밀한 표현을 할 수 있다.

대부분의 반도체 관련 서적이나 반도체 관련 업무를 하는 사람들은 반도체 공정을 필름 현상 과정이나 사진 인화 과정에 비유한다. 왜냐 하면 사실이 그렇기 때문이다. 필자의 경우 사진을 많이 찍는 편이지만 이제까지 단 한 번도 필름을 직접 현상하거나 사진을 인화해 본 적이 없다. 필름을 현상해 본 사람보다는 판화를 찍어 본 사람이 더 많을 것이다. 반도체 제조 공정에 들어가기에 앞서 중학교 수

준의 다색 판화와 에칭 판화에 대한 기억을 더듬어 보자. 내가 보기
엔 이 두 가지 판화에 반도체 공정의 모든 기본 개념이 들어 있다.

다색 판화

그림 6.1과 같은 그림을 판화로 제작한다고 생각해 보자.

그림 6.1 다색 판화로 제작하려는 그림

그림은 녹색, 갈색, 빨강, 하양, 노랑 그리고 하늘색 모두 여섯 가
지 색으로 되어 있다. 여섯 가지 색을 나타내기 위해서 그림 6.2와
같은 그림을 도화지에 먹지를 대고 여섯 장을 외곽선만 똑같이 그린
다. 그림 6.2의 테두리 선은 그 안에만 그림을 그린다는 것이고, 상
단과 하단의 잠자리 표도 여섯 장 모두에 그려 넣는다.

도화지 여섯 장에 모두 밑그림을 그렸으면 그 중 한 장은 초록색
이 칠해질 부분만 칼로 오려 낸다. 이 때 잠자리 표도 칼로 오려 낸
다. 다음엔 그림 6.4와 같이 새로운 밑그림에 갈색이 칠해질 부분과

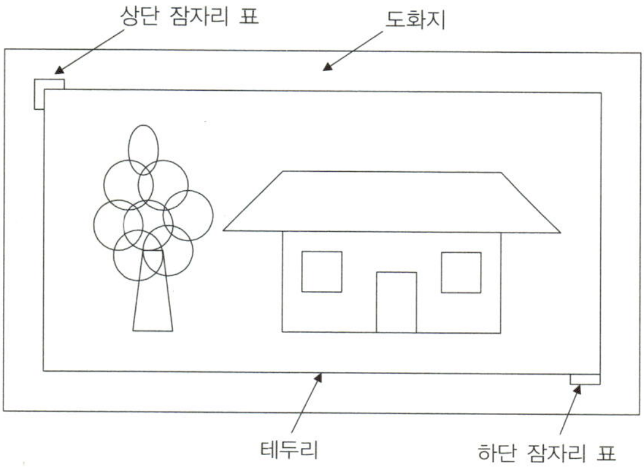

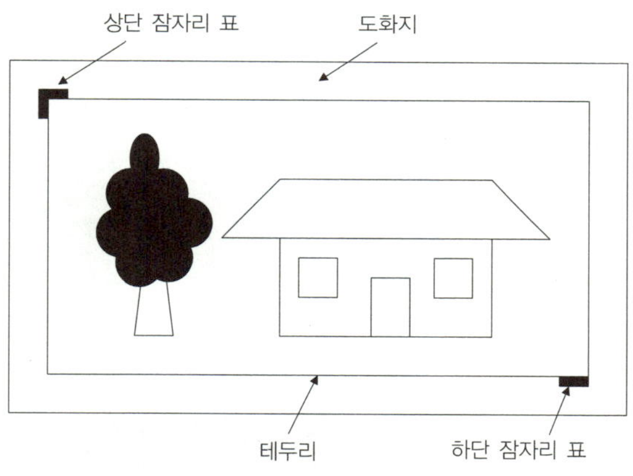

그림 6.2 밑그림 여섯 장

그림 6.3 녹색판(검은 부분은 칼로 오려 내어 구멍이 뚫린 부분임)

잠자리 표만 칼로 오려 낸다.

이런 식으로 빨강판, 노랑판, 하양판, 하늘색판을 그림 6.5~6.8과 같이 각각의 색에 해당하는 부분과 잠자리 표를 칼로 오려 내어 구멍을 뚫는다.

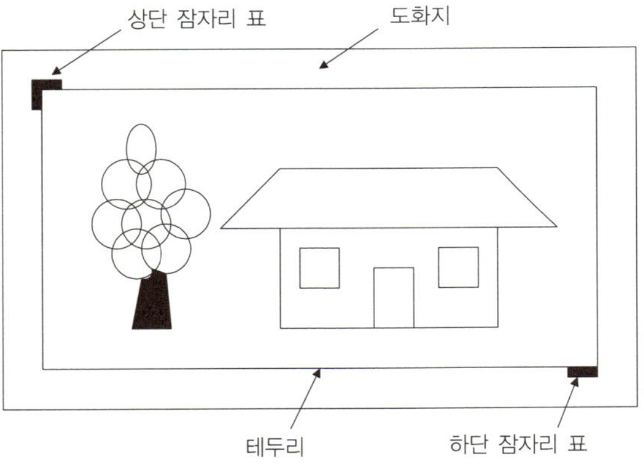

그림 6.4 갈색판

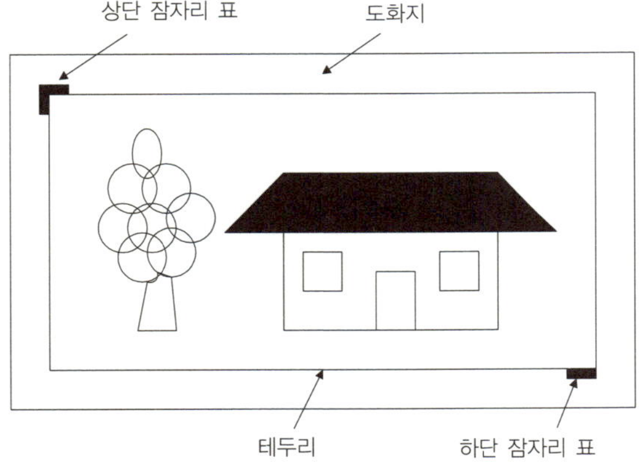

그림 6.5 빨강판

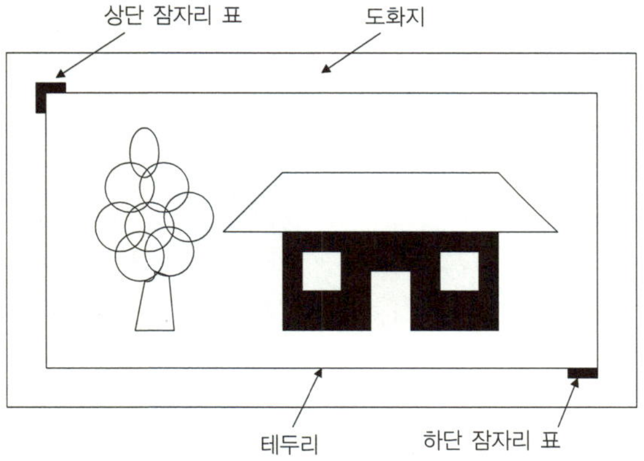

그림 6.6 노랑판

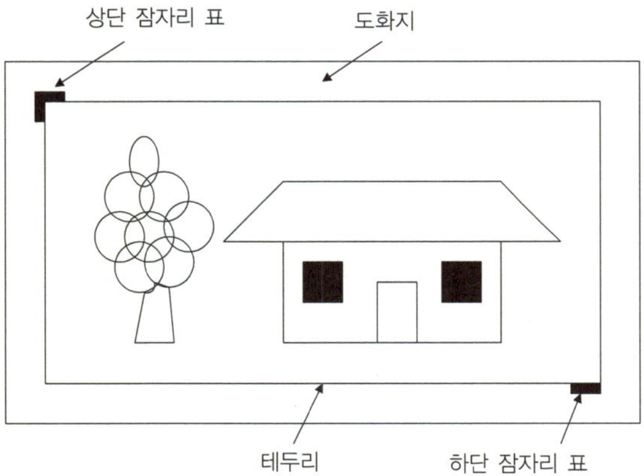

그림 6.7 하양판

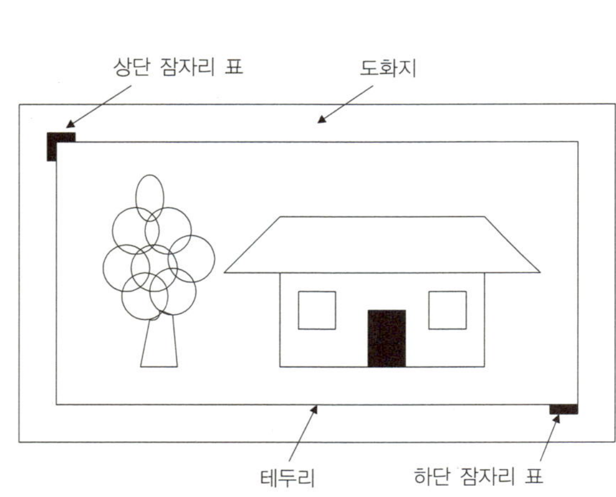

그림 6.8 하늘색판

이렇게 여섯 장의 밑그림에 모두 구멍을 뚫었으면, 그림 6.3의 녹색판을 판화를 찍을 도화지 위에 대고 그림 6.9에서와 같이 헝겊이나 솜에 녹색 물감을 묻혀서 녹색판의 구멍 주위를 두드려서 색을 묻힌다. 이 때 잠자리 표 구멍도 솜으로 두드려 준다.

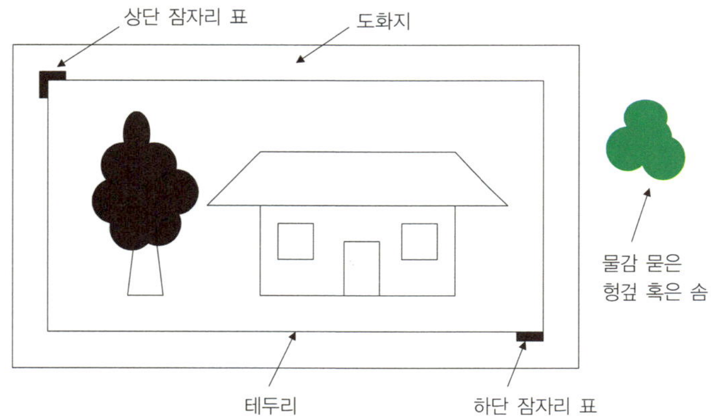

그림 6.9 새 도화지 위에 녹색판을 대고 헝겊이나 솜으로 구멍 주위를 두드린다.

그림 6.10 녹색판 작업이 끝난 도화지

그림 6.10은 녹색판을 대고 작업을 끝낸 그림이다.

그림 6.10의 녹색이 칠해진 도화지가 잘 마르고 난 후 그 위에 그림 6.11과 같이 갈색판을 대고 상단 잠자리 표와 하단 잠자리 표를 녹색이 칠해진 밑의 도화지에 잘 맞춘 후 이번에는 갈색 물감을 묻힌 솜으로 구멍 주위를 두드린다. 이 때도 역시 잠자리 표 주위도 두

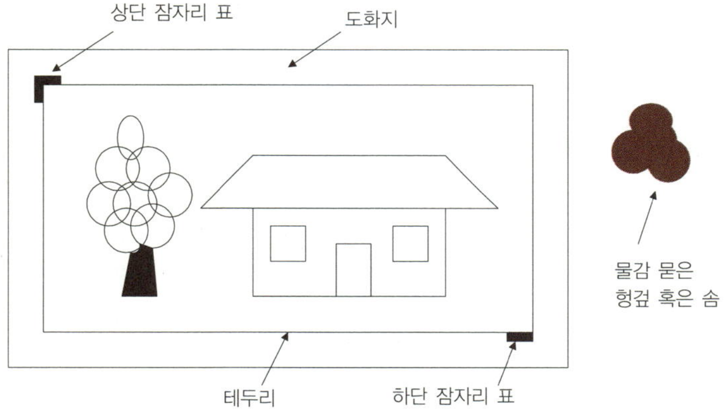

그림 6.11 갈색판을 대고 헝겊이나 솜으로 구멍 주위를 두드린다.

그림 6.12 갈색판 작업이 끝난 도화지

그림 6.13 빨강판 작업이 끝난 도화지

드려 밑의 도화지에 색깔이 배도록 한다.

녹색판과 갈색판 작업이 끝난 도화지 위에는 그림 6.12와 같이 녹색과 갈색이 나타나 있다.

이처럼 빨강판, 노랑판, 하양판 그리고 하늘색판의 작업을 모두 끝내면 그림 6.13~6.16처럼 된다.

그림 6.14 노랑판 작업이 끝난 도화지

그림 6.15 하양판 작업이 끝난 도화지

그림 6.16 하늘색판 작업이 끝난 도화지

그림 6.17 잠자리 표를 이용하여 테두리 선 작업이 끝난 도화지

마지막 하늘색 판을 이용하여 그림 6.16과 같이 찍기 작업이 끝나면, 하늘색 판도 걷어 내고 잘 말린 후 그림 6.17과 같이 상단과 하단의 잠자리 표를 이용하여 그림을 오려 낼 테두리를 그린다. 그런 다음 테두리 선을 따라 칼이나 가위로 오려 내면 테두리 선 안의 그림 작품이 그림 6.18과 같이 나온다. 이렇게 하여 여섯 가지 색이 찍힌 다색 판화가 완성되는 것이다.

그림 6.9~6.18의 작업을 반복하면 같은 그림을 몇 장이고 찍어낼

그림 6.18 테두리 선을 잘라서 완성한 판화

수 있다. 물론 색판은 그림에 사용될 색상의 수만큼 필요하고, 한 번 제작해 놓으면 계속 사용할 수 있다.

지금까지 살펴본 다색 판화에서와 같이 여러 가지 색판을 만드는 작업을 반도체에서는 마스크(mask) 작업 혹은 PG(pattern generation) 작업이라 하고, 색판을 이용하여 해당하는 색만을 찍어내는 과정을 반도체 제조에서는 도화지 대신 웨이퍼(wafer) 위에 수십 차례 반복하는데 이런 작업을 포토리소그래피(photolithography)라 한다. 물론 웨이퍼 위에 색을 입히지는 않는다. 단지 그 형태만을 찍어 낸다. 다색 판화에서 잠자리 표는 각각의 색판들을 정확히 일치 시키는 데 사용한다. 이 잠자리 표에 해당하는 것을 반도체 제조에서는 얼라인 키(align key)라 하는데, 마스크마다 5장에서 언급한 스크라이브 라인(scribe line) 영역에 들어 있다. 자세한 것은 7장에서 다루겠다.

에칭 판화

에칭 판화를 설명하기 전에 양초 만드는 과정을 먼저 살펴보겠다. 우선 파라핀과 색연필을 준비한 후, 파라핀 덩어리를 냄비에 넣고 녹이다가 충분히 녹아 저을 수 있는 상태가 되면 색연필의 심만 가루로 만들어 파라핀과 잘 섞는다. 넣은 색연필 심의 색깔에 따라 파라핀이 염색된다. 염색한 파라핀이 굳기 전에 우유팩이나 원통형 종이로 만든 틀에 실을 꼬아 만든 심지를 손으로 잡고 파라핀을 붓는다. 그리고 파라핀이 식은 후 종이 틀을 뜯어 내면 예쁜 모양의 색깔 있는 양초가 된다. 액체 파라핀을 종이 틀에 부을 때 얼음을 넣으면 파라핀이 굳을 때 얼음이 있던 공간은 얼음이 녹아 물로 빠지면서 구멍이 숭숭 뚫린 양초가 되기도 한다.

바로 이 파라핀이 필자가 중학교 시절 에칭 판화를 제작할 때 쓰던 그 재료다. 이제 에칭 판화의 제작 과정을 살펴보자. 예전의 쟁반들은 대체로 양은으로 만든 둥근 모양이 많았다. 양은은 주석(Sn)이다. 그 양은 쟁반 위에 파라핀을 올려 놓고 쟁반 밑을 가열시켜 그림 6.19 (b)와 같이 쟁반 표면에 파라핀을 고르게 입힌다.

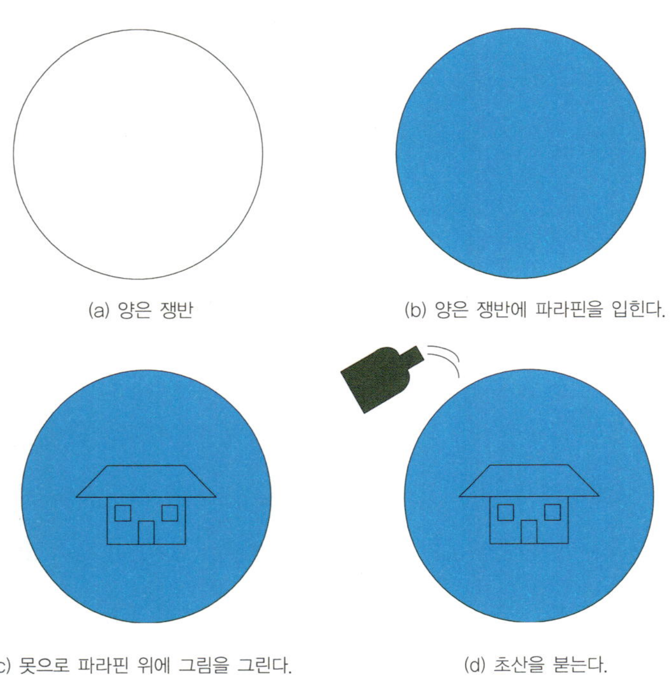

(a) 양은 쟁반　　　　　　(b) 양은 쟁반에 파라핀을 입힌다.

(c) 못으로 파라핀 위에 그림을 그린다.　　　　(d) 초산을 붇는다.

그림 6.19 에칭 판화 순서(1)

파라핀이 굳으면 그 위에다 못이나 가는 송곳으로 그림 6.19 (c)와 같이 그림을 그린다. 그 후 쟁반에 초산을 붓고 양은이 부식될 만큼 기다린다.

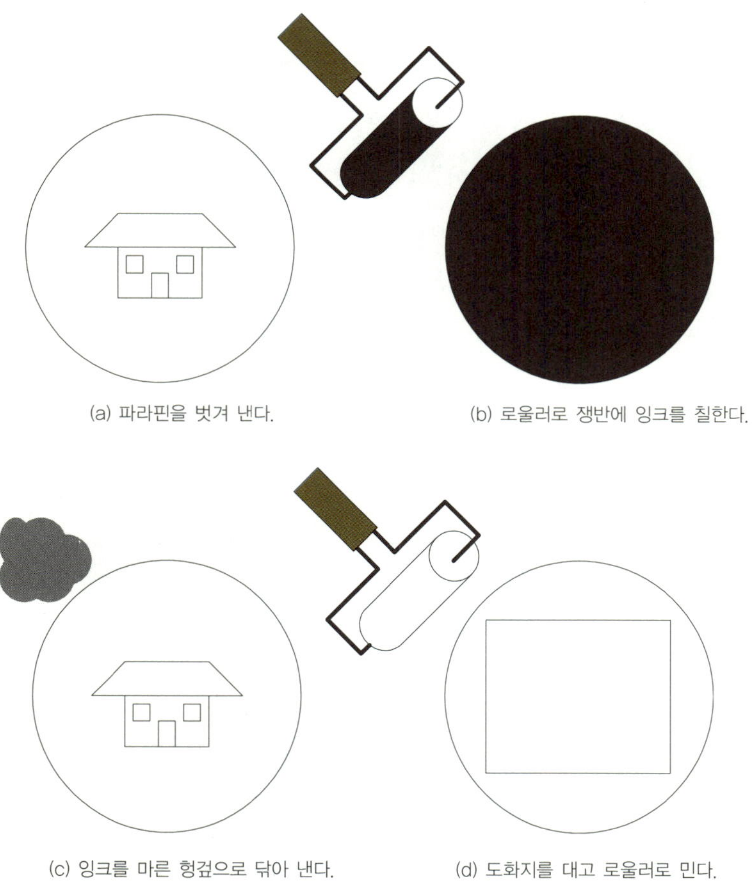

(a) 파라핀을 벗겨 낸다.

(b) 로울러로 쟁반에 잉크를 칠한다.

(c) 잉크를 마른 헝겊으로 닦아 낸다.

(d) 도화지를 대고 로울러로 민다.

그림 6.20 에칭 판화 순서(2)

대부분의 금속들이 그러하듯이 양은도 산(acid)에 녹아 파라핀에 덮이지 않은 부분은 홈이 생긴다. 충분한 시간이 지난 후에 물로 초산을 씻어 내고 파라핀을 긁어낸다. 70년대엔 학교마다 등사실이 있어서 시험지도 찍어내고 여러 가지 통지서나 안내문을 등사해서 배포했기 때문에 등사용 로울러가 흔했는데, 그런 로울러에 등사 잉크를 묻혀서 그림 6.20 (b)와 같이 쟁반에 잉크를 칠한다. 다음에는 마른 헝겊으로 쟁반의 잉크를 닦아 낸다. 이 때 초산에 부식된 양은 쟁반의 홈에 묻은 잉크는 홈이 워낙 가늘어서 헝겊에 닦이지 않은 채 홈에 그대로 남아 있는데, 이 위에 도화지를 덮고 깨끗한 로울러로 밀어 주면 홈에 남아 있던 등사 잉크가 도화지에 묻어 나와 판화가 완성된다.

에칭 판화는 파라핀은 초산에 녹지 않고 양은은 녹는다는 화학적 성질을 이용한 것이다. 양은에 못이나 송곳으로 직접 홈을 새길 수도 있다. 그러나 그러려면 그 힘이 가해질 만큼 못이나 송곳이 굵어야 하고 그에 따라 선이 두꺼워진다. 파라핀은 양은보다

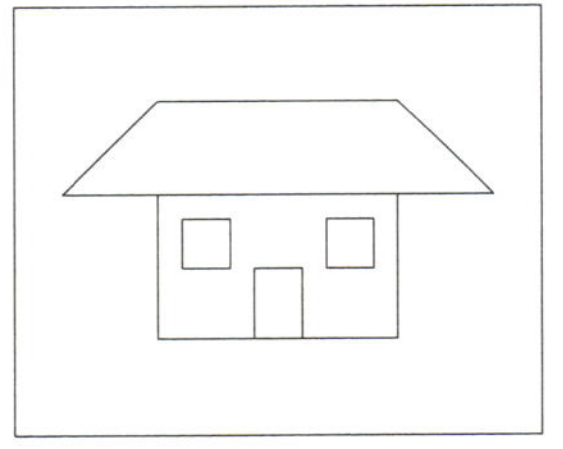

그림 6.21 완성된 에칭 판화

훨씬 무르다. 굳이 못이나 송곳이 아닌 바늘로도 파라핀에 홈을 새길 수 있다. 즉 물리적인 힘은 파라핀을 긁어 낼 만큼만 필요하기에 아주 가느다란 바늘로 파라핀만 긁어 내고, 양은에 홈을 새기는 것은 초산과 양은의 화학반응에 맡기는 것이다. 반도체 제조에서는 가느다란 선들을 만들 필요가 많이 있어서 이런 에칭 작업을 수십 번 반복한다. 반도체 제조에서 이 파라핀의 역할을 하는 것이 포토레지스트(photo resist)인데 보통 줄여서 PR이라고 한다.

　　지금까지 반도체 제조 과정을 살펴보기 전에 먼저 기본 개념을 다색 판화와 에칭 판화를 통하여 설명했다. 다음 장에선 비유가 아닌 진짜 반도체의 제조 과정을 알아 보도록 하자.

통상적으로 프로세서(processor) 하면 펜티엄과 같은 CPU(micro processor)를, 프로세스(process) 하면 그 CPU의 동작을 연상하는데 그것도 맞는 말이지만, 제조 공정도 프로세스라고 한다. 따라서 신문에 'A 회사에서 B 프로세스로 C 반도체를 만들었다'고 발표할 수 있는데 여기서 'B 프로세스'에 해당되는 용어로는 '0.13마이크로미터 CMOS 테크놀로지'와 같이 그 제조 공정을 나타 낸다. 좀 더 구체적인 기사에는 '0.13마이크로미터 5 메탈 CMOS 로우 파워 테크놀로지(low power technology 혹은 프로세스)'라고 발표될 수도 있다. 여기서 '0.13마이크로미터'는 뒤에 설명될 디자인 룰(design rule)을, '5 메탈'은 사용된 도체층(metal layer)의 개수, 'CMOS'는 PMOS나 NMOS 공정이 아닌 CMOS 공정을, '로우 파워 테크놀로지(저전력 공정)'는 '제너릭 프로세스(generic process, 일반 공정)', '로우 볼티지 테크놀로지(low voltage process, 저전압 공정)'가 아닌 '로우 파워 프로세스'를 사용한 제조 기술(technology)을 사용했다는 의미다.

'프로세스'와 '테크놀로지'라는 말은 서로 혼용되어 사용된다. 그리고 'A 회사의 0.13마이크로미터 CMOS 프로세스'와 'B 회사의 0.13마이크로미터 CMOS 프로세스'는 사실 세부적으로 보면 조금씩 다르다. 즉 똑같은 설계도로 A 회사에서 제조했던 반도체 칩을 B 회사에서 제조할 경우, 제조 자체가 불가능하거나 약간의 수정을 통해 제조는 가능해도 그 반도체 칩의 특성은 같지가 않다. 그것은 같은 0.13마이크로미터 프로세스라 하여도 뒤에서 설명할 디자인 룰이 다르고, 제조 단계가 백여 단계나 되는데다 각 회사마다 사용하는 제조 장비가 다르고 각 단계마다 노하우(know how)가 다르기 때문이다. 따라서 이 장에서 사용될 수치들은 일반화하여 수십 도, 수백 도, 수 시간 혹은 수십 시간 이런 식으로 표현하겠다. 이 온도나 시간도 각 회사마다 특허를 확보하고 있거나 고유의 노하우다.

앞에서 말한 바와 같이 반도체의 제조 공정은 사용하는 기술(일반 공정, 저전압 공정, 저전력 공정 등)에 따라, 그리고 회사마다 차이가 있고 그 공정 단계도 백 단계가 넘는다. 여기서는 제조 공정의 개념을 알기 쉽게 설명하고자 투윈 웰 더블 메탈 CMOS 공정(twin well double metal CMOS process) 단계를 아주 단순화시켜서 설명하겠다. 요즘은 웰이 세 개인 트리플 웰(triple well) 공정도 있다.

준비 운동

5장에서 그림 7.1과 같은 평면도를 특별히 레이아웃이라 부른다고 하였다. 이것은 설계의 마지막 단계인 레이아웃 과정의 산출물이다. 레이아웃의 패턴(pattern)들을 웨이퍼 위에 소개한 다색 판화, 에칭 판화 기법으로 구현하는 것이 반도체 제조 공정이다. 그림 7.1에서

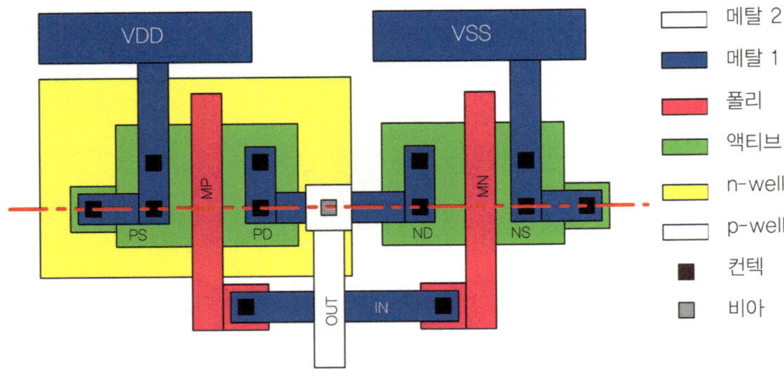

그림 7.1 평면도

초록색 액티브(active) 영역과 자주색 폴리(poly) 영역이 겹쳐지는 부분이 MOS이다. 특히, 노란색 n-well 위의 액티브와 폴리가 겹쳐진 부분이 PMOS이다(MP). 흰색 p-well 부분에 있는 액티브와 폴리가 겹쳐진 MN으로 표시한 부분이 NMOS가 형성되는 부분이다. 웨이퍼 자체가 p-type이라서 p-well이 없어도 NMOS를 형성시킬 수 있으나, NMOS의 성능을 향상시키기 위하여 요즘은 모두 p-type 웨이퍼에서도 p-well을 형성시키는데, n-well이 아닌 지역은 모두 p-well 지역이 된다. 그래서 웰이 두 개라 하여 트윈 웰 공정이라 한다. PS는 PMOS의 소스, PD는 PMOS의 드레인, NS는 NMOS의 소스, ND는 NMOS의 드레인 영역을 나타 낸다.

그림 7.2는 그림 7.1의 단면도이다. 그림 7.1의 붉은색 절단선(이점쇄선)을 보면 컨텍(contact)이 여섯 개 있다. 컨텍이란 메탈 1이 BPSG(Borophospho Silicate Glass)라는 절연층(부도체) 아래에 MOS의 소스, 드레인 혹은 폴리에 연결되도록 뚫린 구멍이다. 이 구멍은 메

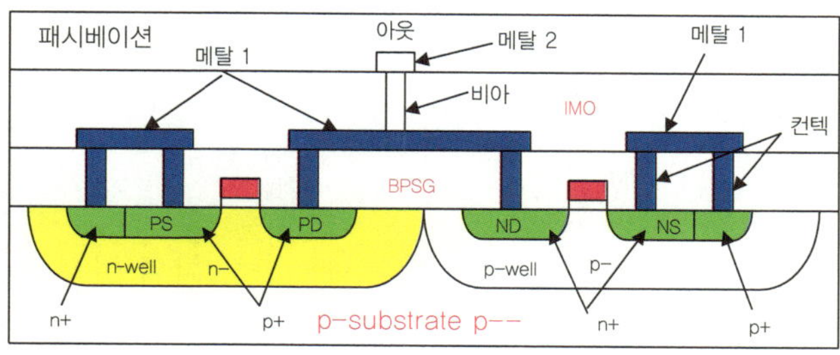

그림 7.2 단면도

탈 1(Al, 알루미늄)을 증착(deposition)시킬 때 메탈 1으로 채워진다. 그림 7.1의 절단선에 걸쳐 있는 검정색 컨텍 여섯 개는 그림 7.2의 파란색 기둥 여섯 개에 해당한다. 그림 7.1에 비아(via)가 한 개 있는 데, 이는 그림 7.2에서처럼 메탈 2와 메탈 1을 연결시킬 때, 메탈 1과 메탈 2 사이의 절연층 IMO(Inter Metal Oxide)에 뚫어 놓은 구멍이다. 그림 7.1의 회색 비아는 그림 7.2의 흰색 기둥에 해당되며 메탈 2를 증착시킬 때 메탈 2(Al, 알루미늄)로 채워져 단면도에서는 기둥처럼 보이는 것이다. 그림 7.2의 p-substrate에 p--는 p-well의 p-type 불 순물 농도보다 낮다는 의미다. 이 책에서 평면도나 단면도에서 사용 한 색들은 독자가 구분하기 편하게 나타 낸 것일 뿐 실제로 그런 색 깔이 있는 것은 아니다.

이제 그림 7.1의 MOS들의 연결 상태를 살펴보자. 좌측부터 살펴 보면, PMOS MP의 소스 PS는 컨텍과 메탈 1을 통해 전원 VDD에 연 결되어 있다. PS 왼편의 연두색 작은 사각형은 5장에서 설명한 픽 업으로 n-well에 전원 VDD를 가하기 위해 그림 7.2에서처럼 n-type 으로 도핑되어 있다.

PMOS MP의 게이트는 PMOS의 소스, 드레인에 걸쳐 있는 자주색 폴리인데 이것은 컨텍과 메탈 1을 거쳐 인(IN)에 연결되어 있다. PMOS의 드레인 PD는 컨텍, 메탈 1을 거쳐 NMOS의 드레인 ND에 연결되고 동시에 컨텍, 메탈 1, 비아, 메탈 2를 거쳐 아웃(OUT)에 연결되어 있다.

NMOS의 드레인 ND는 PMOS의 드레인 PD와 아웃에 연결되고, 게이트는 폴리, 컨텍, 메탈 1을 거쳐 인에 연결되어 있다. NMOS의 소스 NS는 컨텍, 메탈 1을 거쳐 접지 VSS에 연결되고, NS 옆의 연두색 작은 사각형은 p-well에 VSS를 가해 주기 위한 픽 업이다.

이는 NMOS의 소스나 드레인과는 달리 p-type으로 도핑된다. 5장에서 설명했듯이 PMOS의 소스, 드레인은 p-type으로 도핑되고, NMOS의 소스, 드레인은 n-type으로 도핑된다. 이것을 전자 회로 기호를 사용하여 회로도를 그리면 그림 7.3과 같다. 이런 회로도를 스키메틱(schematic)이라 하며 반도체 설계자들이 그림 7.1이나 그림 7.2 대신에 더 빠르고 편리하게 사용하기 위하여 사용하는 설계도이다.

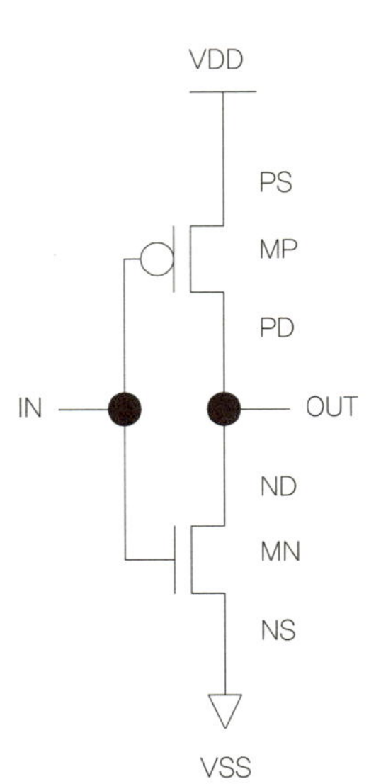

그림 7.3 스키메틱

색 판화의 색판 마스크

설계가 완료되어 레이아웃이 완성되면 이것을 가지고 다색 판화의 색판처럼 각 층(layer)만 있는 마스크를 제작한다. 즉 그림 7.1에서 컨텍만 따로 있는 컨텍 마스크, 폴리만 따로 있는 폴리 마스크, 메탈 1만 따로 있는 메탈 1 마스크 등등.

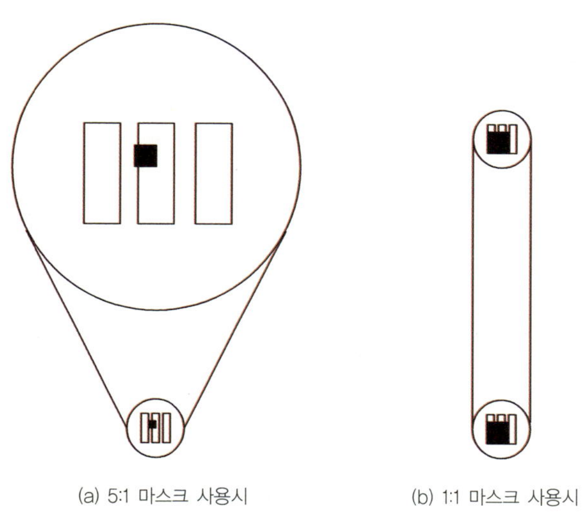

(a) 5:1 마스크 사용시　　　(b) 1:1 마스크 사용시

그림 7.4 5:1 마스크와 1:1 마스크의 효과

마스크는 예전에는 1:1 배율로 만들었으나 요즘은 5:1로 다섯 배 확대(면적으론 25배)하여 제작한다. 즉 1cm×1cm의 다이라면 5cm×5cm 크기로 마스크를 제작한다. 이 5:1 마스크를 1:1 마스크와 구분하여 레티클(reticle)이라고 부르기도 하는데, 그냥 마스크라는 말도 혼용하여 사용한다. 마스크를 5:1로 제작하는 이유는 같은 크기의 먼지가 떨어졌을 때 그 효과가 그림 7.4에서처럼 1/5로 축소되어 웨

이퍼 상에 나타나기 때문이다. 즉 같은 크기의 먼지(particle)가 마스크에 떨어졌을 때 그림 7.4 (a)의 5:1 마스크에서는 한 개의 도형 일부에 그 먼지가 걸쳤으나, 그림 7.4 (b)의 1:1 마스크에선 세 개의 도형에 영향을 준다. 물론 그림 7.4와 같은 경우가 생기면 안 되지만 일단 생겨도 (a)의 경우는 특성이 다소 저하되는 수준에서 그치나, (b)의 경우는 완전 오동작이 발생한다. 이 마스크는 유리판에 크롬(Cr)을 붙이거나 붙이지 않아서 각 레이어의 형태를 표시한다. 크롬이 있는 부분은 빛이 통과하지 못하고, 크롬이 없는 부분은 빛이 통과하게 된다. 마스크를 제작하는 과정 중에 다색 판화의 '잠자리 표'에 해당하는 얼라인 키도 마스크 안에 그려넣는다.

반도체 종사자는 조각가

여기서 그림 7.1~7.2와 같은 레이아웃대로 반도체를 제조하는 100여 단계 과정을 주요 40여 단계로 단축하여 살펴보겠다. 그림 7.1처럼 PMOS와 NMOS가 같이 사용되는 공정을 CMOS 공정(CMOS process)이라 한다. 여기서 소개되는 각 공정 단계는 웨이퍼 전체에 동시에 진행되는 것이나, 단면을 보기 위하여 웨이퍼 상의 그림 7.1의 부분만을 확대하여 설명하겠다. 그림에서 p-substrate로 표시된 부분이 웨이퍼의 단면이다. 4장에서 언급했듯이 요즘은 p-type 웨이퍼를 대부분 사용한다.

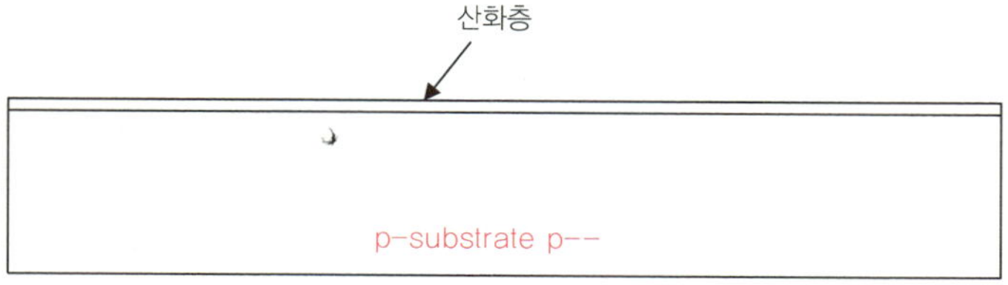

그림 7.5 초기 산화

(1) 초기 산화(initial oxidation)

웨이퍼 표면에 그림 7.5와 같이 규소산화(SiO_2) 막을 형성시킨다. 이 때는 다음과 같은 화학반응을 이용한다.

$$SiH_4 + 2O_2 \rightarrow SiO_2 + 2H_2O$$

.즉 시레인(SiH_4) 가스와 산소(O_2) 가스를 혼합하여 수 시간 동안 수백 도의 온도로 가열하여 화학 반응을 일으켜 산화규소(SiO_2)를 형성시키고 부수적으로 생성된 물(H_2O)은 버리는 것이다.

(2) 나이트라이드 증착(nitride deposition)

증착이라 함은 어떤 결정체 위에 다른 결정체를 쌓아 올리는 것으로 금속 표면에 은이나 금 같은 것을 도금하는 것과 비슷하게 생각하면 된다. 그림 7.6과 같이 규소산화막 위에 나이트라이드(Si_3N_4)를 증착시키고 다시 그 위에 포토 레지스트(photo resist, PR)를 입힌다(PR 코팅). 이 때 나이트라이드는 다음과 같은 화학반응을 이용하여 증착시킨다.

$$3SiH_4+4NH_3 \longrightarrow Si_3N_4+12H_2$$

즉 시레인 가스와 암모니아(NH_3) 가스를 혼합하여 수 시간 동안 수백 도의 온도로 가열하면 나이트라이드가 형성되고 수소 가스는 날아가 버리는 것이다. 이렇게 필요한 가스들을 혼합시켜 화학반응을 이용하여 필요한 물질들을 생성시켜 증착시키는 방법을, 화학적으로 증기를 침전시킨다 하여 CVD(Chemical Vapor Deposition)라 한다. 이 장은 반도체 제조의 개념을 이해하는 것이 목적이므로 이후로는 일일이 이런 화학반응식은 생략하겠다.

포토 레지스트(앞으로는 PR이라 하겠다)는 빛을 받으면 물러져 녹아 없어지는 포지티브 PR과 반대로 빛을 받으면 단단하게 굳어지는 네거티브 PR이 있는데, 여기서는 빛을 받으면 녹는 포지티브 PR을 기준으로 설명하겠다. 이 포토 레지스트가 사진 현상에 사용되는 물질이다.

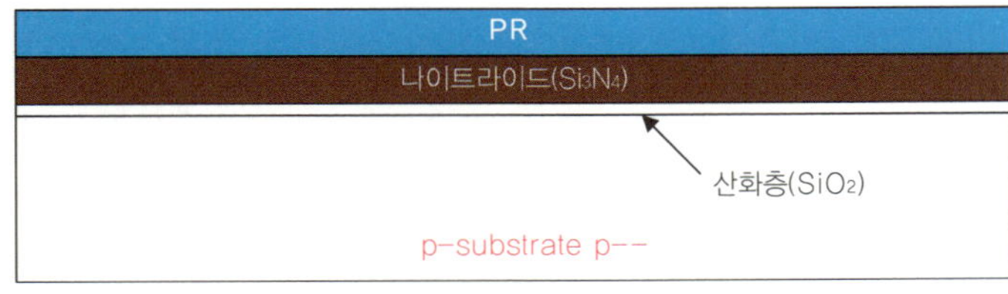

그림 7.6 PR 코팅(n-well)

(3) n-well 마스킹(n-well masking)

그림 7.7과 같은 n-well 마스크를 웨이퍼 위에 놓고 자외선(ultraviolet ray, UV ray)을 쪼이면, 마스크에 크롬이 있는 부분은 빛이 통과하지 못하고 크롬이 없는 부분은 빛이 통과하게 되어 빛에 쪼인 PR은 용해되고, 빛에 쪼이지 않은 PR은 단단하게 되어 웨이퍼에 남아 있다. 이런 과정을 현상(development)이라 하며 사진 현상과 같다.

이렇게 마스킹 작업을 통하여 웨이퍼 위에 어떤 형태를 남기는 작업을 포토리소그래피(photolithography)라 하는데, 이 포토리소그래피 기술이 얼마나 가느다란 선 혹은 패턴을 웨이퍼 위에 남길 수 있느냐에 따라 0.25마이크로미터 공정, 0.18마이크로미터 공정과 같이 더 작은 기술로 발전할 수 있는 일차적 조건이 된다. 즉 남아 있는 PR의 폭이 너무 가늘어서 뭉개지거나, 빛에 노출된 PR이 용해될 때 같이 용해되지 않아야 한다.

그림 7.7 n-well 마스크(검은색 부분은 크롬이 있는 부분, 흰색은 크롬이 없는 부분)

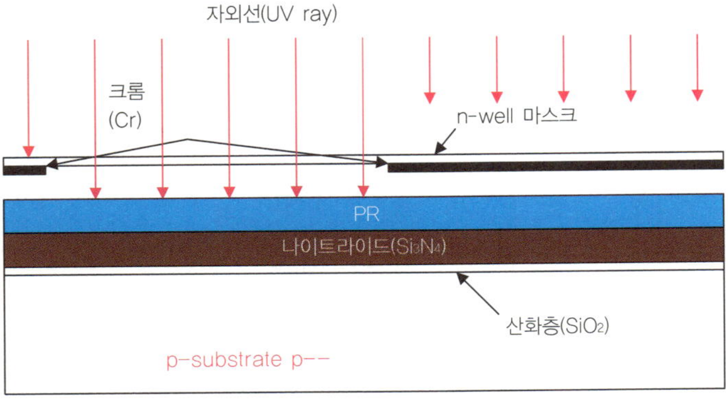

그림 7.8 n-well 마스킹 작업

물론 이 포토그래피 기술만 확보하였다고 그 공정 기술이 개발된 것은 아니다. 이후에 소개될 식각(etching) 기술이나 증착 기술도 같이 확보되어야 한다. 어쨌든 이 포토그래피 기술이 확보되어야 그 이후 공정이 진행될 수 있다. 이 책에서는 마스킹 작업에 사용되는 광원 즉, 빛을 동일하게 자외선을 사용하는 것으로 하겠으나 사실은 회사마다, 또 같은 회사에서도 모든 포토리소그래피 작업에 같은 빛을 사용하는 것은 아니다. 사용되는 빛으로는 자외선, 이온 빔(ion beam), 전자 빔(electron bream) 등이 있다.

(4) 나이트라이드 식각(nitride etching)

나이트라이드를 식각하면 PR이 없는 부분의 나이트라이드가 깎여 나가 그림 7.10과 같이 된다.

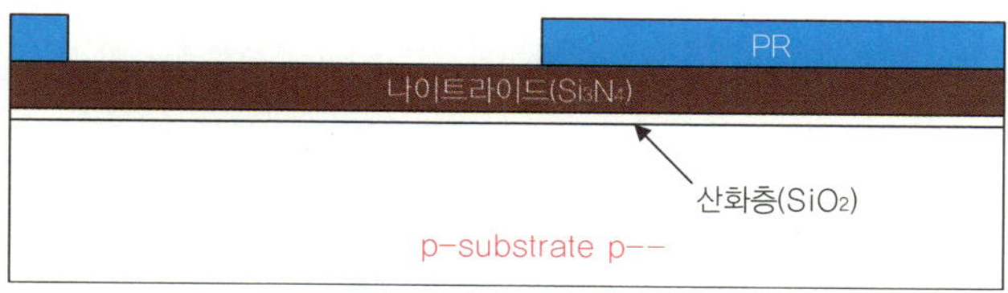

그림 7.9 n-well 마스킹 후의 웨이퍼 상태

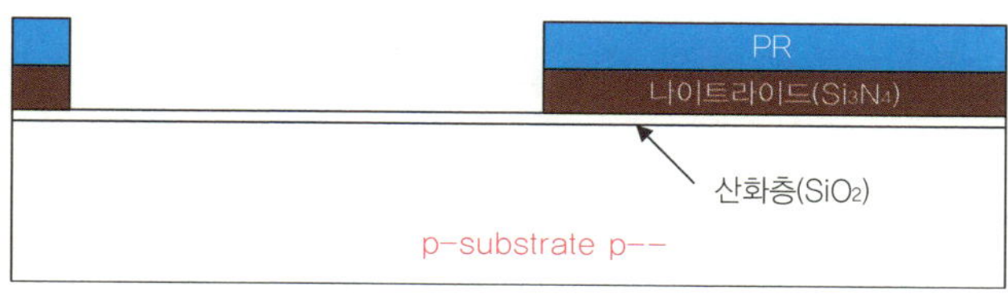

그림 7.10 나이트라이드 식각

식각에는 웻 에칭(wet etching)과 드라이 에칭(dry etching)이 있는데, 웻 에칭은 에칭 판화에서처럼 초산이 양은을 녹이는 성질을 이용하는 것같이 식각시킬 물질을 녹이는 화학물질로 화학반응을 이용하여 녹여 내는 방법이고, 드라이 에칭은 어떤 분자나 이온을 매우 빠른 속도로 가속시켜서 분자나 이온을 식각할 부분에 충돌시켜서 깎아 내는 방법이다. 예를 들어 눈으로 집채만한 커다란 눈기둥을 세웠다고 하자. 그 눈기둥에 어떤 조각을 하려는데, 만들고자 하는 모양을 널판지로 만들어 그 기둥 앞에 세우고 호스로 더운물을 뿌리면, 널판지로 가려진 눈기둥 부분은 더운물을 맞지 않고, 널판지에 가려지지 않은 부분은 더운물에 맞아 그 부분이 녹아 버릴 것이다. 이것을 웻 에칭에 비유할 수 있다.

또다른 방법은 역시 조각하고자 하는 모양의 널판지를 눈기둥 앞에 세우고 돌을 마구 던지면, 널판지에 가려진 부분은 돌이 널판지에 맞고 떨어질 것이고 널판지에 가려지지 않은 부분은 돌에 맞아 눈이 깎여 나갈 것이다. 충분히 오랜 시간 돌을 던지면 결국 널판지 모양의 눈기둥이 조각될 것이다. 이를 드라이 에칭에 비유할 수 있다.

그런데 눈기둥에 돌을 던져 눈을 깎아 내는 방법보다는 더운물을 호스로 뿌려 눈을 녹여 내는 방법이 좀 더 빠르지 않을까? 하지만 더운물을 눈에 뿌리면 널판지로 막았다고는 해도 더운물이 흘러 내려 널판지 모양보다는 조금 더 눈을 녹일 것이다. 또한 돌을 던져서 눈을 깎는다면 시간은 좀 오래 걸려도 (더운물을 뿌려서 눈을 녹이는 것보다) 널판지 모양보다 더 크게 눈을 깎지는 않을 것이다. 즉 좀 더 정밀하게 눈을 조각할 수 있을 것이다. 이 두 가지 방법을 혼용하면 좀 더 효과적으로 눈을 조각할 수 있다.

반도체 제조에서도 마찬가지다. 정교하게 식각할 필요가 있는 부분에는 드라이 에칭을 사용하고, 상대적으로 덜 정교해도 되는 부분은 웻 에칭을 사용한다. 경우에 따라서는 같은 부분을 일단 한 번 웻 에칭으로 대충 식각을 시키고 이차적으로 드라이 에칭으로 정밀하게 식각시키는 혼합방식을 사용하기도 한다.

(5) n-well 임플란테이션(n-well implantation)

n-well을 형성시킬 부분에 인(P) 같은 V족인 n-type 불순물을 주입

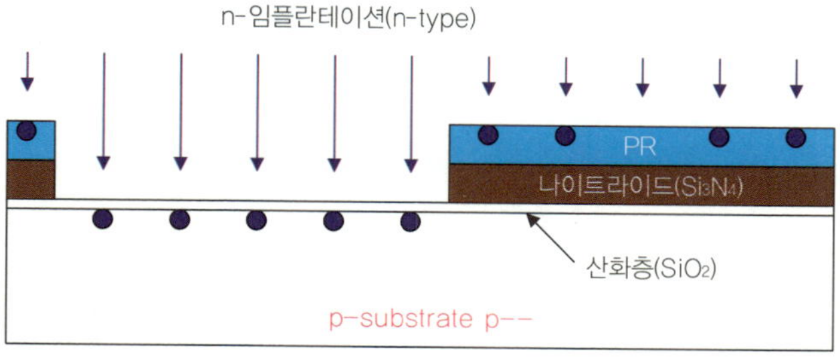

그림 7.11 n-well 임플란테이션

시킨다. 이 때 그림 7.11과 같이 PR과 나이트라이드가 있는 p-서브 스트레이트 부분엔 불순물이 침투하지 못하고 PR과 나이트라이드가 없는 부분의 표면엔 불순물들이 침투된다. 임플란트(implant)란 '심는다'는 뜻인데, 웨이퍼 표면에 나무를 심듯이 혹은 씨앗을 뿌리듯이 불순물을 심는다는 의미다.

임플란트란 원하는 불순물 원자들을 매우 빠른 속도로 가속해서 웨이퍼 위에 때리면 불순물 원자들이 웨이퍼 표면에 박힌다. 속도가 충분히 빠르면 웨이퍼 표면을 파고들어가게 된다. 그런데 임플란트 위에 PR이나 나이트라이드가 덮여 있으면 불순물은 깊이 파고들어 가지 못한다.

(6) PR 스트립(PR strip)

나이트라이드 위에 덮인 PR을 벗겨 낸다(그림 7.12).

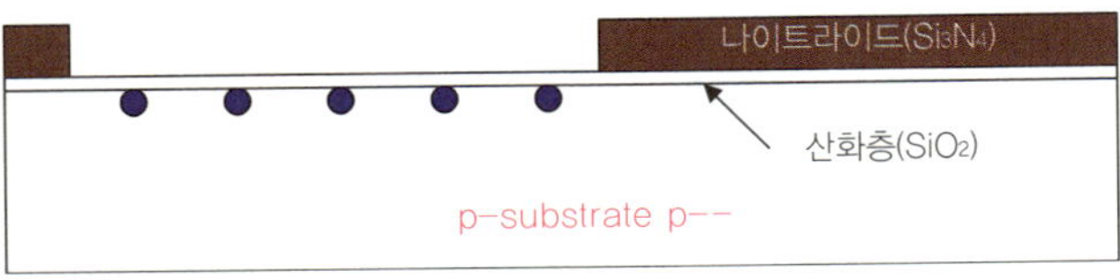

그림 7.12 PR 스트립

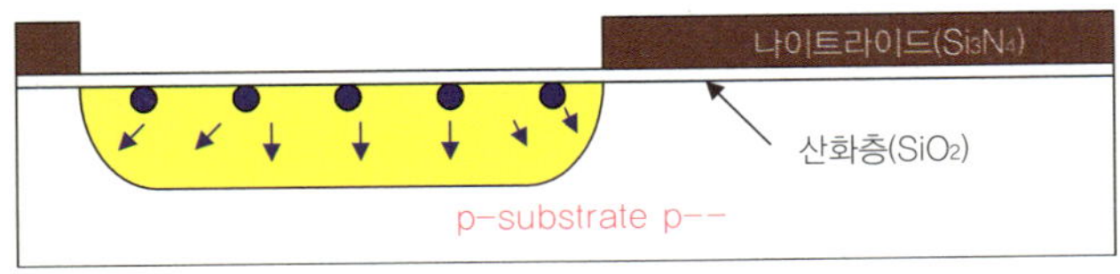

그림 7.13 n-well 드라이브 인

(7) n-well 드라이브 인(n-well drive in)

임플란테이션에 의한 불순물들은 웨이퍼 표면에만 주입되어 있는데, 이것들을 원하는 깊이까지 분포시키기 위하여 수 시간 동안 수백 도의 온도로 가열하여 농도 차에 의해 확산시켜 n-well을 형성시킨다 (그림 7.13).

(8) n-well 산화(n-well oxidation)

n-well 윗부분의 산화층을 초기산화 방법으로 더 산화시켜 두껍게 만든다. 이 때 나이트라이드 아래의 산화층은 나이트라이드 때문에 산소와 접할 수가 없어서 더 이상 산화층이 자라지 않고, 나이트라이드에 덮이지 않은 부분만 그림 7.14와 같이 산화층이 더 두꺼워진다. 산화란 산소와 결합시켜 산소화합물을 만드는 것인데, 일상에서 쇠못이 녹이 슬어 붉은 녹이 쇠 못 표면에 생기는 것이 그 예이다. 이

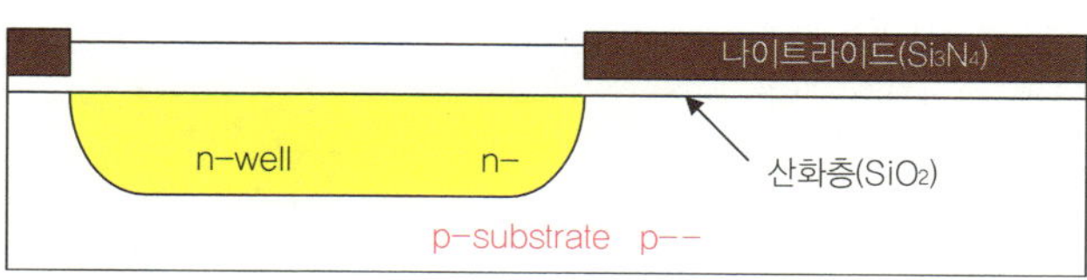

그림 7.14 n-well 산화

때 붉은 녹은 바로 철의 산화물인 산화철이다. 규소(Si)가 산화되면 이산화규소(SiO_2)가 된다.

(9) 나이트라이드 스트립(nitride strip)

그림 7.15와 같이 나이트라이드를 벗겨 낸다.

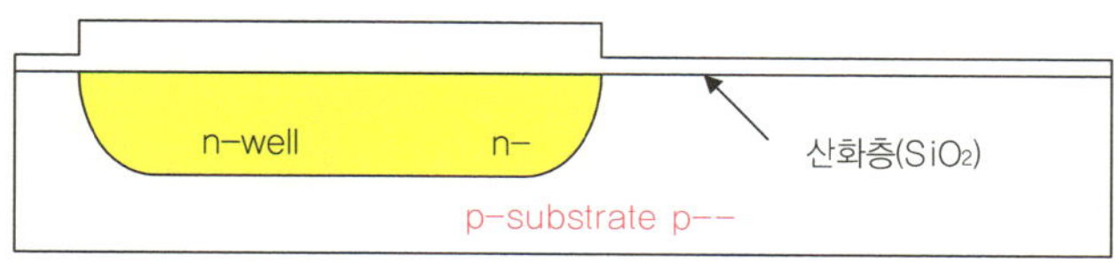

그림 7.15 나이트라이드 스트립

(10) p-well 임플란테이션(p-well implantation)

그림 7.16에서처럼 붕소(B) 같은 III족 원소 즉, p-type 불순물을 주입시킨다. 이 때 n-well의 윗부분은 두꺼운 산화층이 존재하여 p-

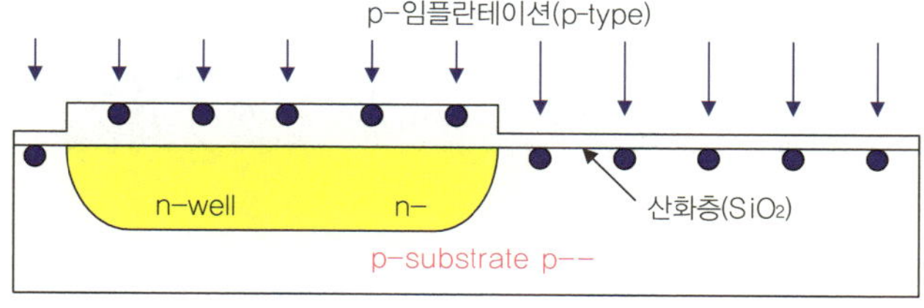

그림 7.16 p-well 임플란테이션

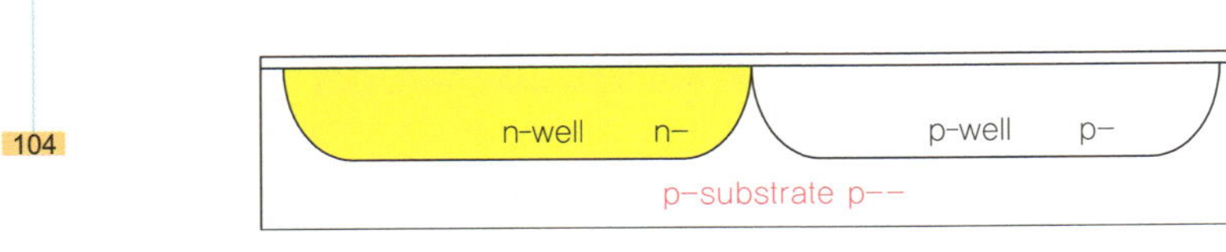

그림 7.17 p-well 드라이브 인과 산화층 식각

type 불순물들이 산화층에만 주입되고 아래 규소층에는 주입되지 못한다. 반면 p-well 부분에는 얇은 산화층만 존재하여 불순물이 이 산화층을 뚫고 밑의 규소층까지 주입된다.

(11) p-well 드라이브 인과 산화층 식각(p-well drive in & oxide etching)

n-well에서와 같이 p-well도 드라이브 인 시킨 후 웨이퍼 윗면의 산화층을 깎아 내면 그림 7.17과 같이 된다.

(12) 나이트라이드 증착과 PR 코팅(nitride deposition & PR coating)

그림 7.18에서와 같이 다시 나이트라이드를 증착시키고 그 위에 PR 을 입힌다.

(13) 액티브 마스킹(active masking)

그림 7.19와 같은 액티브 마스크를 웨이퍼 위에 놓고 n-well 마스킹

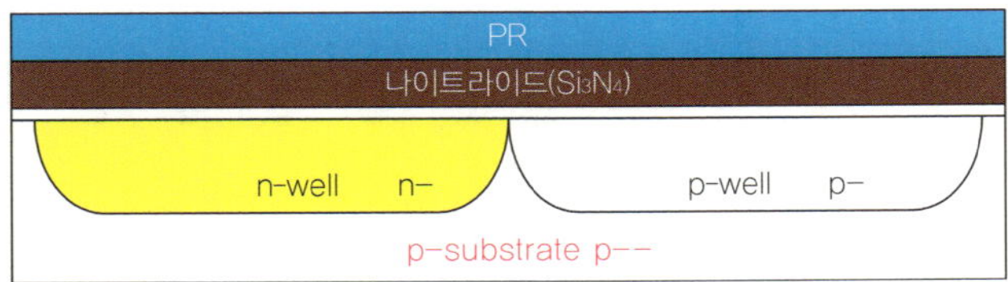

그림 7.18 나이트라이드 증착과 PR 코팅

그림 7.19 액티브 마스크

작업 때와 같이 자외선을 쪼인다(그림 7.20). 여기서 액티브란 MOS의 소스, 드레인 그리고 소스 / 드레인과 접하는 게이트 부분을 합한 지역으로 실질적인 MOS의 역할을 하는 영역과 픽 업 부분을 통칭한다. 그림 7.1에서 연두색 부분에 해당하며 그림 7.19에 그 영역이 검은색으로 나타나 있다. n-well 마스크에서와 마찬가지로 그림 7.19에서 검은 부분은 크롬이 있는 영역이고 흰색 부분은 크롬이 없는 영역이다.

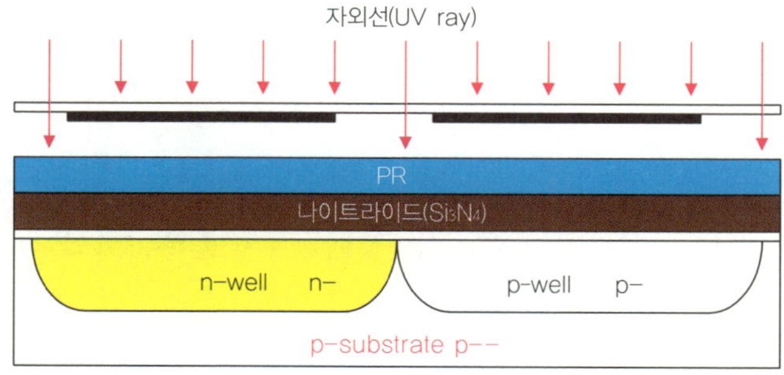

그림 7.20 액티브 마스킹

그림 7.21 나이트라이드 식각

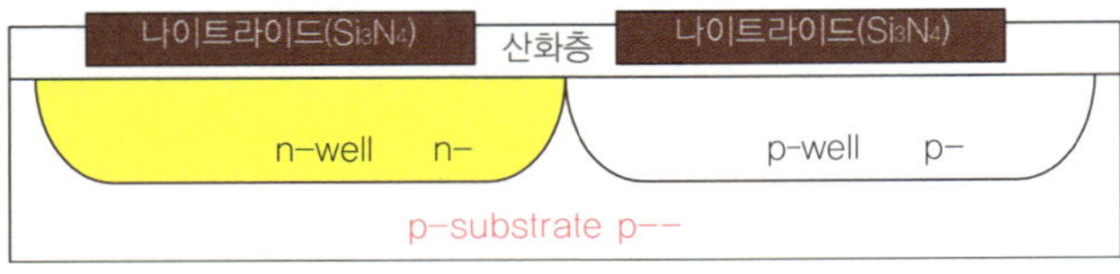

그림 7.22 PR 스트립과 필드 산화

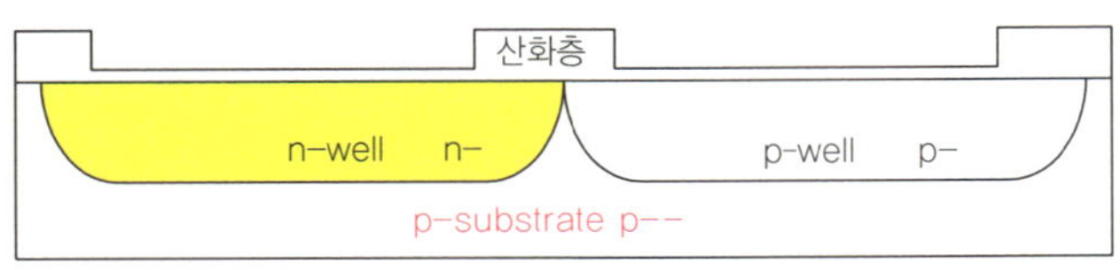

그림 7.23 나이트라이드 스트립

(14) 나이트라이드 식각(nitride etching for active)

n-well에서와 마찬가지로 나이트라이드를 식각하면 그림 7.21과 같이 된다.

(15) PR 스트립과 필드 산화(PR strip & field oxidation)

PR을 벗겨 내고 산화시키면 n-well 산화 과정과 마찬가지로 나이트라이드 밑에 있는 산화층은 산소와 접할 수 없어서 산화층이 더 이상 자라나지 못하는 반면, 나이트라이드에 덮이지 않은 부분은 그림

7.22에서와 같이 산화층이 자라나게 된다. 여기서 필드(field)란 액티브 영역이 아닌 부분을 말한다. 즉 액티브 영역을 제외한 전 영역을 말한다.

(16) 나이트라이드 스트립(nitride strip for active)

그림 7.23에서와 같이 나이트라이드를 벗겨 낸다.

(17) 폴리 증착과 폴리 도핑(poly deposition & poly doping)

웨이퍼 표면 전체에 그림 7.24와 같이 폴리를 증착시킨다. 웨이퍼를 위에서 보면 전체가 폴리에 덮여 있는 것이다. 이 폴리는 전도성(전기를 흐르게 하는 정도)이 낮아 전도성을 높여 주기 위하여 인과 같은 V족 원소 즉, n-type 불순물을 도핑시킨다. 폴리 도핑이 웨이퍼 전체에 대하여 행하는 것이므로 별도의 마스크가 필요치 않다.

(18) 폴리 마스킹(poly masking)

폴리 도핑이 된 그림 7.24와 같은 웨이퍼 위에 PR을 코팅한 후 그림 7.25와 같은 폴리 마스크를 사용하여 그림 7.26에서와 같이 폴리 마스킹을 한다. 그러면 자외선을 쪼이지 않은 영역의 PR들만 그림 7.27과 같이 남게 된다. 이처럼 마스킹 작업 후 빛을 쪼인 부분의 PR이 용해되고, 빛을 쪼이지 않은 부분이 남게 되는 것을 현상이라 한다.

그림 7.24 폴리 증착과 폴리 도핑

그림 7.25 폴리 마스크

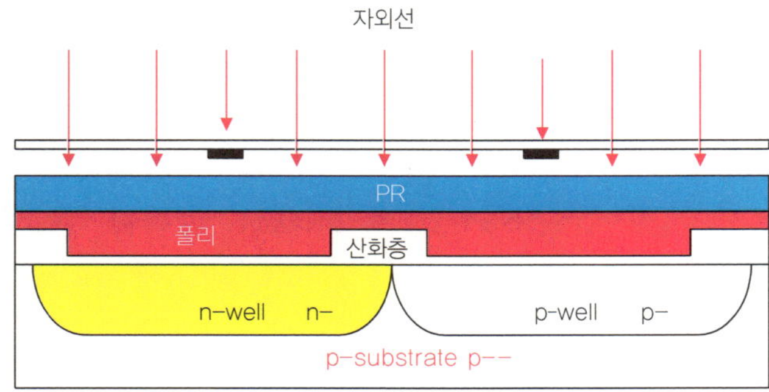

그림 7.26 폴리 마스킹

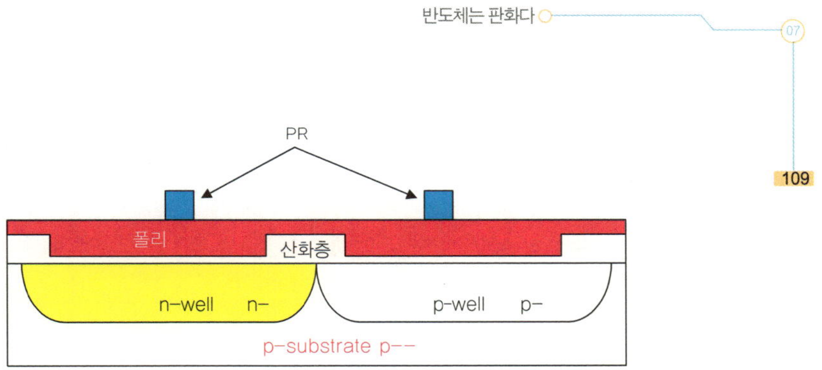

그림 7.27 현상(development for poly)

(19) 폴리 식각(poly etching)

폴리를 식각시키면 PR에 덮여 있는 폴리 부분만 남고 나머지는 깎여 나가 그림 7.28과 같이 된다.

(20) PR 스트립(PR strip on the poly)

그림 7.29와 같이 폴리 위에 남아 있는 PR을 벗겨 낸다.

(21) PR 코팅(PR coating for n+ implant)

그림 7.30과 같이 PR을 코팅한다.

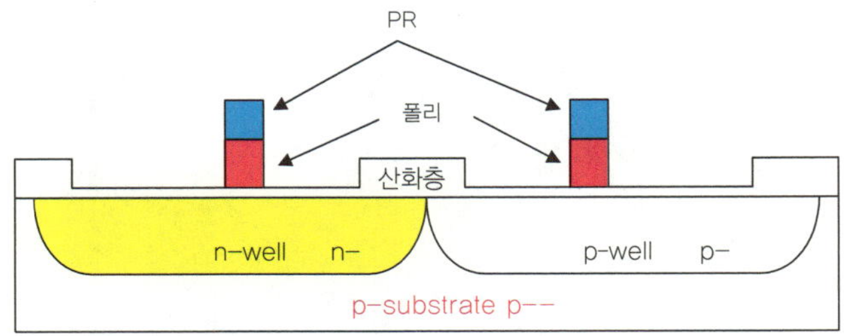

그림 7.28 폴리 식각

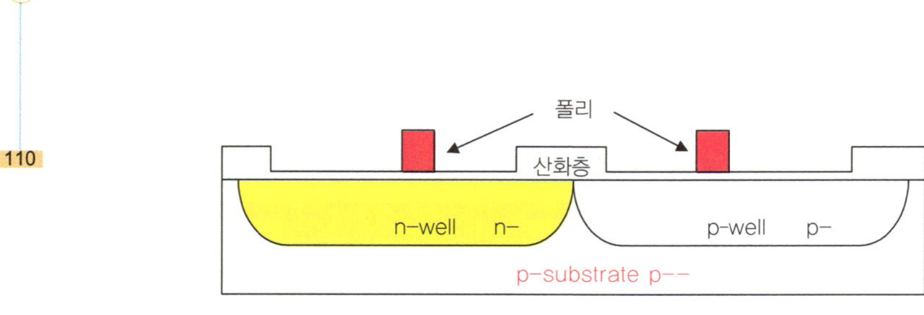

그림 7.29 PR 스트립

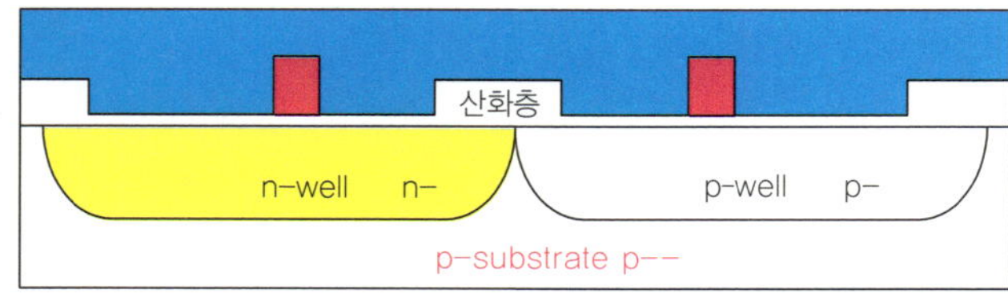

그림 7.30 PR 코팅

(22) n+ 임플란트 마스킹(n+ implant masking)

그림 7.31은 n+ 임플란트 마스크다. 이 마스크는 n-type(V족 원소)으로 도핑될 영역 즉, NMOS의 소스 / 드레인 영역과 PMOS의 픽 업 부분만 노출되게 해 준다(그림 7.1, 7.2 참조). 이 마스크를 사용하여

그림 7.31 n+ 임플란트 마스크

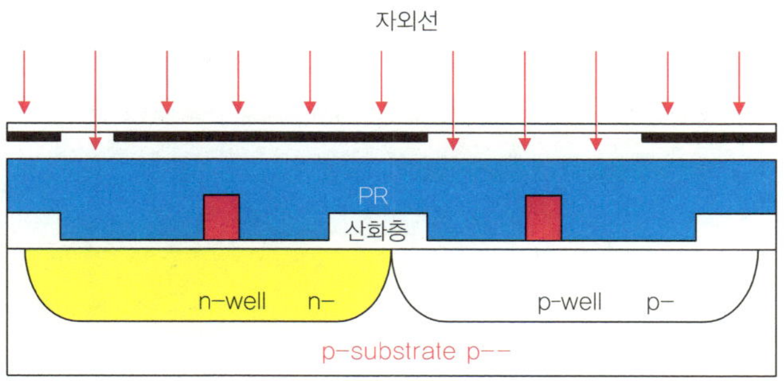

그림 7.32 n+ 임플란트 마스킹

그림 7.32와 같이 n+ 임플란트 마스킹 작업을 한다.

(23) n+ 임플란테이션

현상을 하고 나면 그림 7.33과 같이 n+ 마스크 상에서 크롬이 없는 영역의 PR들은 없어지고 크롬이 있는 영역에만 PR들이 남아 있게 되는데, 그 상태에서 인과 같은 V족의 n-type 불순물을 주입시킨다. 이 때 불순물의 농도가 n-well보다 높기 때문에 n+라고 표시한다. 그러면 PR이 존재하지 않는 영역에서는 n+ 불순물들이 웨이퍼 표면

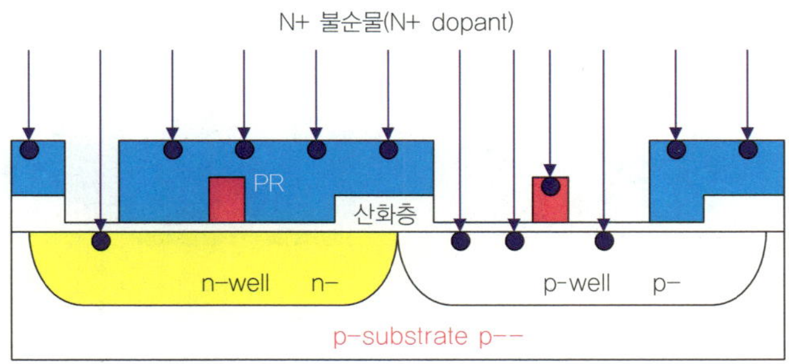

그림 7.33 n+ 임플란테이션

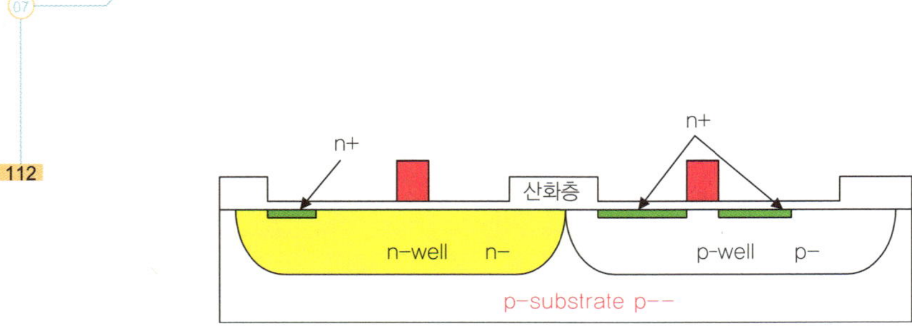

그림 7.34 PR 스트립

에 침투하게 되지만, PR이 존재하거나 폴리가 존재하는 영역에서는 불순물들이 웨이퍼까지 도달하지 못하고 PR이나 폴리에 주입되어 버린다.

(24) PR 스트립(PR strip for p+ Implantation)

PR을 벗겨 내고 나면 그림 7.34와 같이 된다. 이 때 그림 7.1과 7.2에서 NMOS의 소스 / 드레인이 될 영역과 PMOS의 픽 업이 형성될 영역의 웨이퍼 표면에는 n-type 불순물들이 주입되어 있다.

(25) PR 코팅(PR coating for p+ implantation)

그림 7.35와 같이 다시 PR을 웨이퍼에 입힌다,

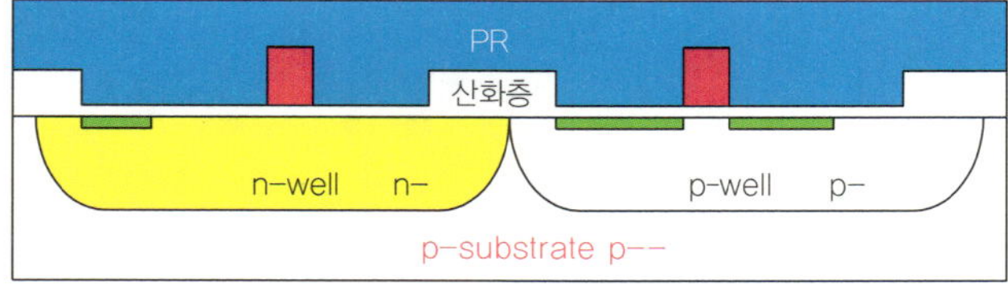

그림 7.35 PR 코팅

(26) p+ 임플란트 마스킹(p+ implant masking)

그림 7.36은 p+ 임플란트 마스크다. 이는 p-type 불순물들이 주입될 영역들만 즉, 그림 7.1과 7.2에서 PMOS의 소스 / 드레인 그리고 NMOS의 픽 업 영역들만 노출되어 있고 나머지 부분은 크롬으로 덮여 있다. 여기서 p+란 의미는 p-well보다 p-type 불순물의 농도가 높다는 의미다. 이 마스크를 사용하여 그림 7.37과 같이 마스킹을 수행한다.

그림 7.36 p+ 임플란트 마스크

(27) p+ 임플란테이션(p+ implantation)

p+ 임플란트 마스킹을 수행하고 나면 그림 7.38에서와 같이 크롬이 없는 영역은 자외선에 노출되어 현상시에 녹아 없어지는데, 여기에서 붕소와 같은 III족 p-type 불순물을 주입시킨다. n+ 임플란테이션에서와 마찬가지로, PR이나 폴리가 없는 영역에만 웨이퍼 표면에 p-type 불순물이 주입된다.

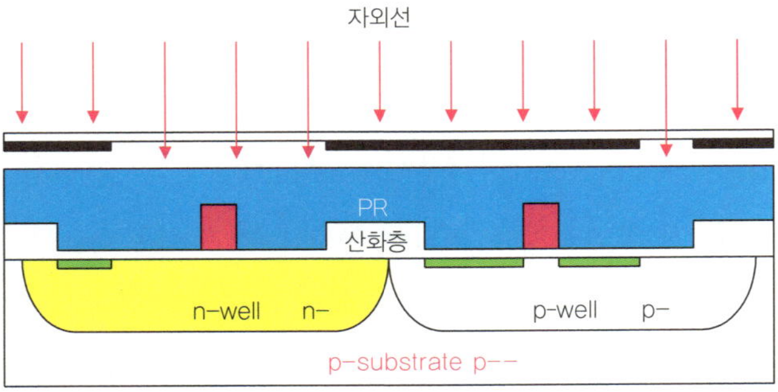

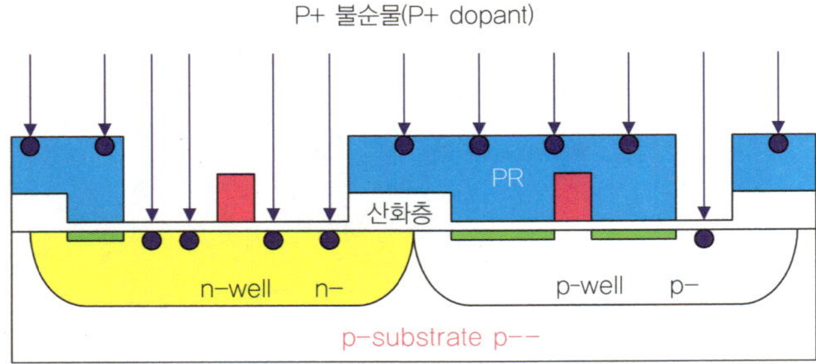

그림 7.37 p+ 임플란트 마스킹

그림 7.38 p+ 임플란테이션

(28) PR 스트립(PR strip)

PR을 벗겨 내면 그림 7.39와 같이 된다. 이 때 MOS의 소스 / 드레인 영역과 픽 업 영역의 웨이퍼 표면엔 불순물들이 주입되어 있다.

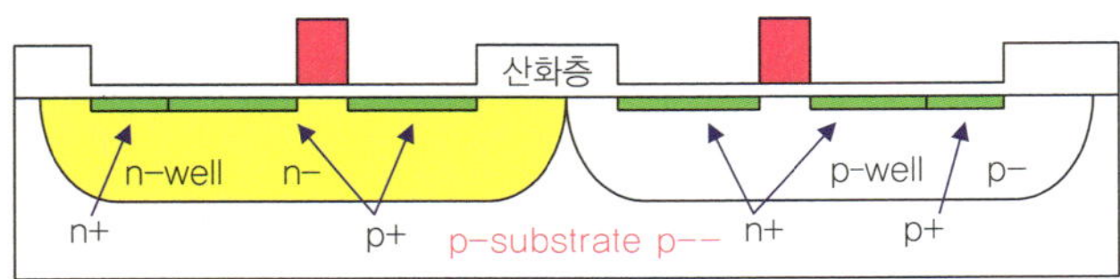

그림 7.39 PR 스트립

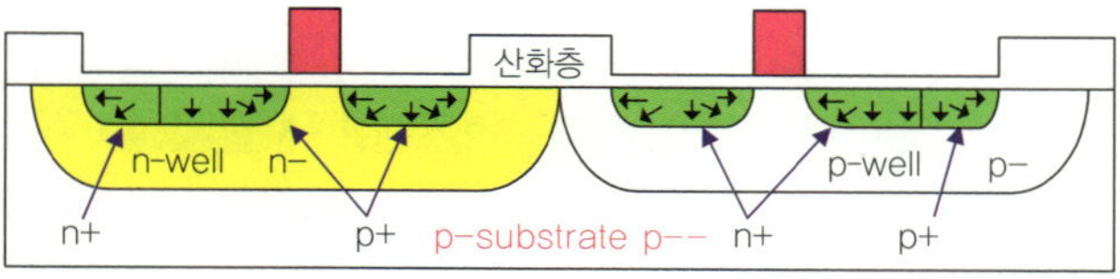

산화층

n-well   n−   p-well   p−

n+   p+   p−substrate p−−   n+   p+

그림 7.40 소스 / 드레인 재산화

(29) 소스 / 드레인 재산화(source / drain reoxidation)

임플란테이션은 진흙에 돌을 세차게 던지는 것처럼 불순물 원자를 가속시켜 웨이퍼에 충돌시키는 것이어서 PR이 덮이지 않았던 소스 / 드레인 영역 윗면의 산화층엔 흠집이 생겨 난다. 이 흠집을 없애기 위하여 열을 가하여 재산화시키는데 이 열 때문에 n-well 혹은 p-well에서 드라이브 인 효과가 소스 / 드레인에도 나타나 그림 7.40 과 같이 소스 / 드레인 표면에만 분포되어 있던 불순물들이 밑의 웰 영역 내부로 확산(diffusion)되어 들어간다. 원하는 깊이까지 확산되도록 온도와 시간을 조절한다.

(30) BPSG 증착(BPSG deposition)

그림 7.41과 같이 BPSG(Borophospho Silicate Glass)를 증착시킨다. 이 BPSG는 부도체로 폴리층(poly layer, gate)과 소스 / 드레인이 위에 놓일 메탈층(metal layer)과 전기적으로 연결되지 못하도록 절연시키는 절연층의 역할을 한다.

(31) 컨텍 마스킹(contact masking)

그림 7.42의 컨텍 마스크를 사용해 그림 7.43과 같이 컨텍 마스킹을

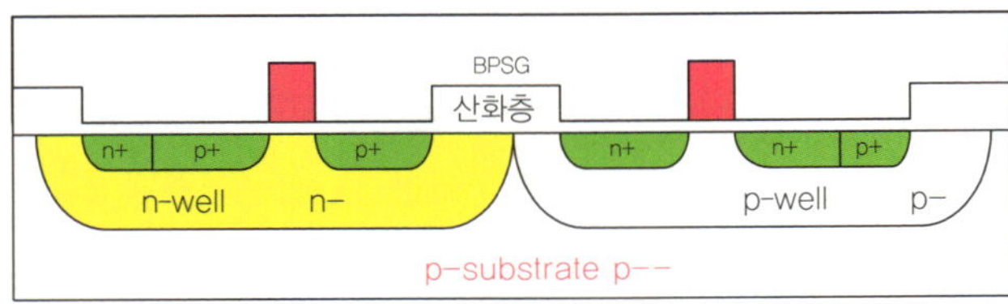

그림 7.41 BPGS 증착

하면 그림 7.44와 같이 컨텍이 뚫릴 영역의 PR들이 녹아 없어진다.

(32) 컨텍 식각(contact etching)

컨텍을 식각시키면 그림 7.45처럼 BPSG 층과 소스 / 드레인 위의 산화층까지 뚫리게 된다. 이 컨텍은 메탈 1과 소스 / 드레인, 픽 업 그리고 폴리층을 메탈층과 연결시켜 주는 역할을 한다.

그림 7.42 컨텍 마스크

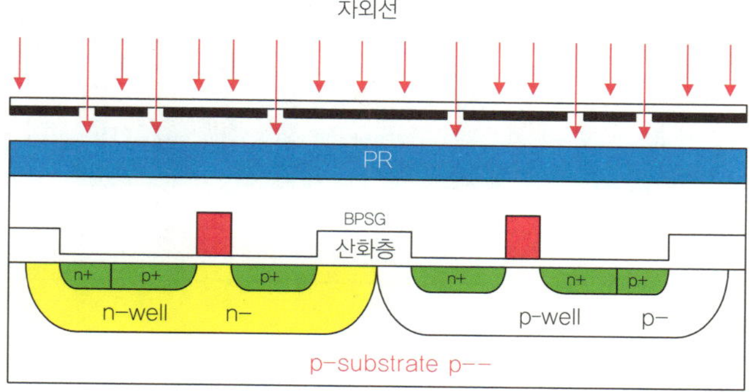

그림 7.43 컨텍 마스킹

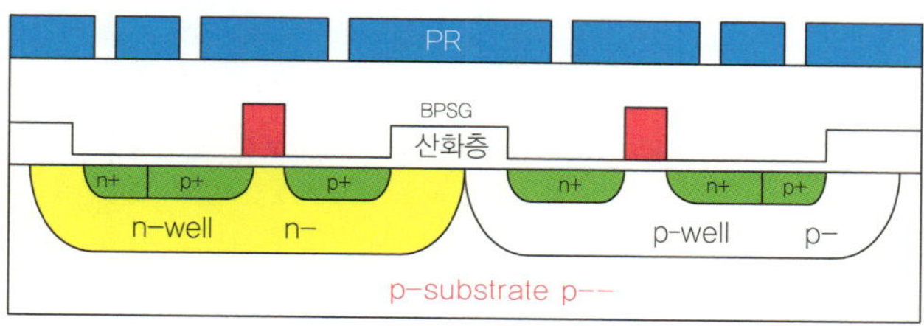

그림 7.44 현상(development for contact)

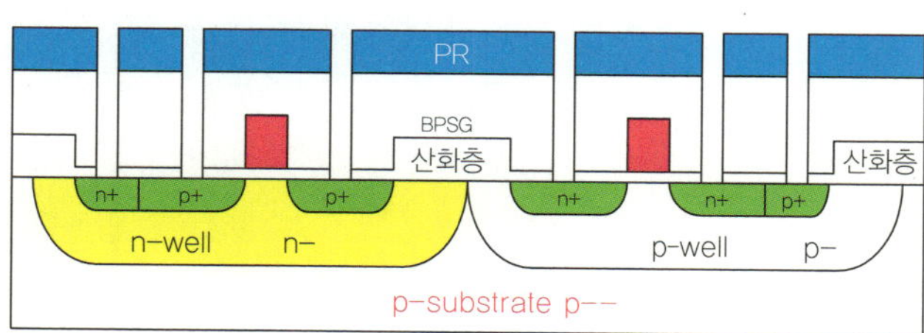

그림 7.45 컨텍 식각

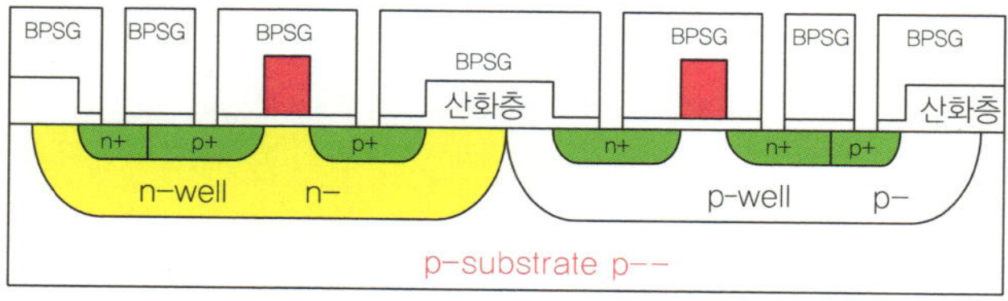

그림 7.46 PR 스트립

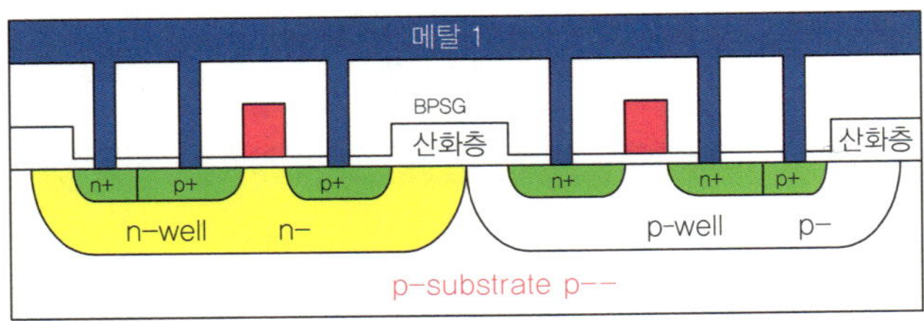

그림 7.47 메탈 1 증착

(33) PR 스트립(PR strip)

PR을 그림 7.46과 같이 벗겨 낸다.

(34) 메탈 1 증착(metal 1 deposition)

메탈 1을 웨이퍼 전체에 증착시킨다. 이 때 메탈 1은 그림 7.47에서
처럼 컨텍이 뚫린 부분에도 채워진다. 메탈은 알루미늄을 사용하는
데 요즘은 순수한 알루미늄보다 텅스텐(W), 티타늄(Ti) 등을 혼합한
알루미늄 합금을 많이 사용한다.

(35) 메탈 1 마스킹(metal 1 masking)

그림 7.48과 같은 메탈 1 마스크를 사용하여 그림 7.49와 같이 메탈
1 마스킹을 하면 그림 7.50과 같이 된다.

(36) 메탈 1 식각(metal 1 etching)

그림 7.51과 같이 메탈 1을 식각시킨다.

그림 7.48 메탈 1 마스크

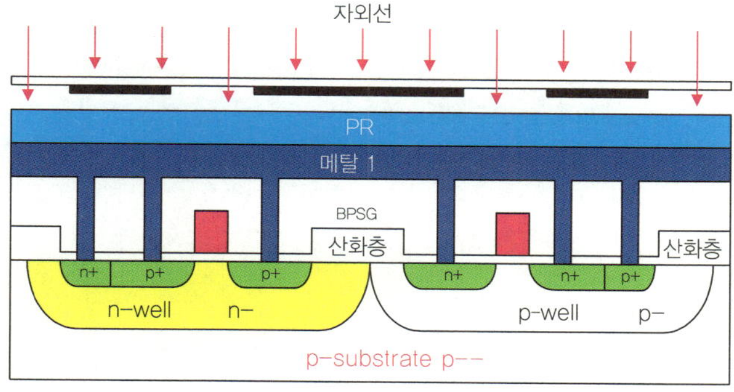

그림 7.49 메탈 1 마스킹

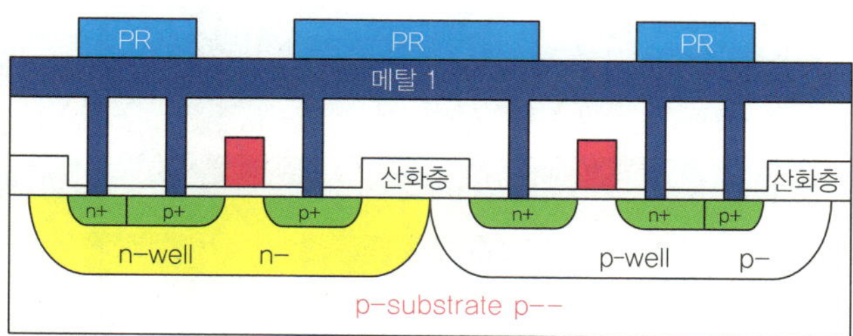

그림 7.50 현상(development for metal 1)

(37) PR 스트립(PR strip)

그림 7.52와 같이 PR을 벗겨 낸다.

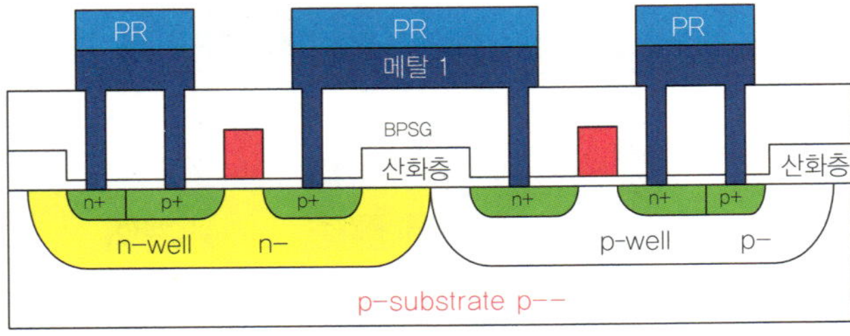

그림 7.51 메탈 1 식각

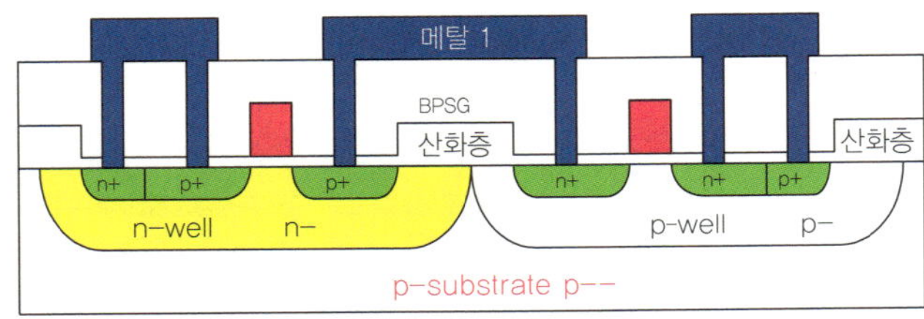

그림 7.52 PR 스트립

(38) IMO 증착과 PR 코팅(IMO deposition & PR coating)

그림 7.53과 같이 IMO(Inter Metal Oxide)를 증착시키고 그 위에 PR 을 입힌다. IMO는 메탈 1과 메탈 2 사이의 절연층이다.

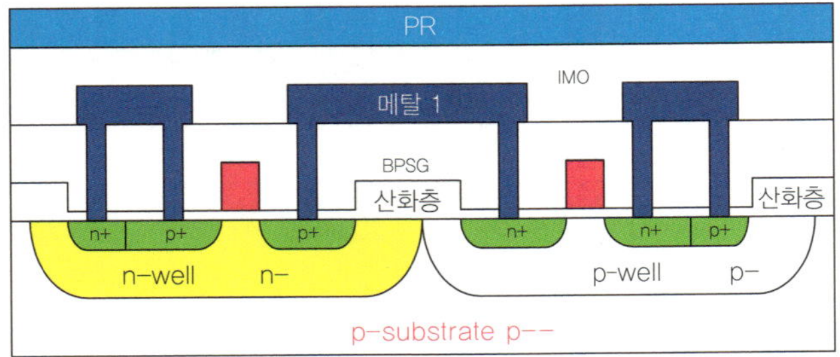

그림 7.53 IMO 증착과 PR 코팅

그림 7.54 비아 마스크

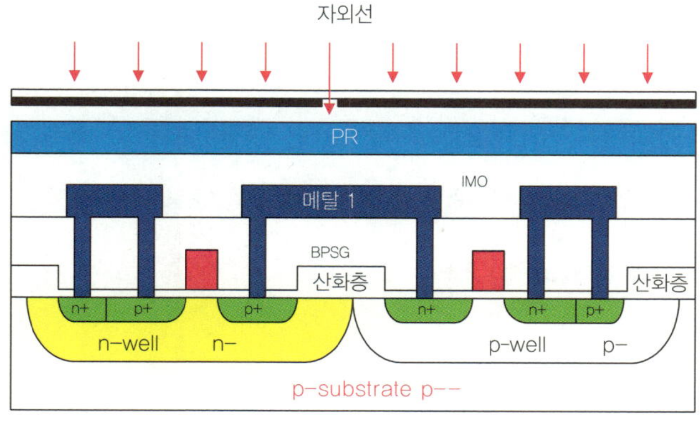

그림 7.55 비아 마스킹

(39) 비아 마스킹(via masking)

비아 작업은 컨텍 작업과 동일하다. 그림 7.54와 같은 비아 마스크로 그림 7.55와 같이 비아 마스킹 작업을 한다.

(40) IMO 에칭과 PR 스트립(IMO etching & PR strip)

IMO 에칭과 PR 스트립을 하면 그림 7.56과 같이 비아가 있어야 할

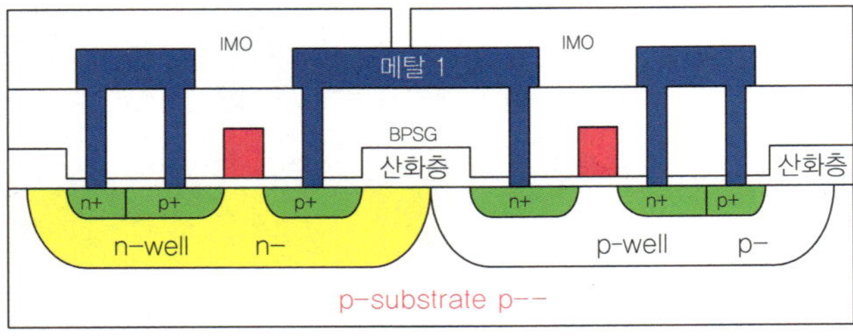

그림 7.56 IMO 에칭과 PR 스트립

곳의 IMO에 구멍이 뚫리게 된다.

(41) 메탈 2 증착

그림 7.57과 같이 메탈 2를 증착시키면 메탈 1에서와 마찬가지로 비아의 뚫려 있는 부분에 메탈 2가 채워진다. 메탈 2는 메탈 1과 같이 알루미늄이 주성분이고, 비아는 메탈 1과 메탈 2를 연결시켜 주는 역할을 한다.

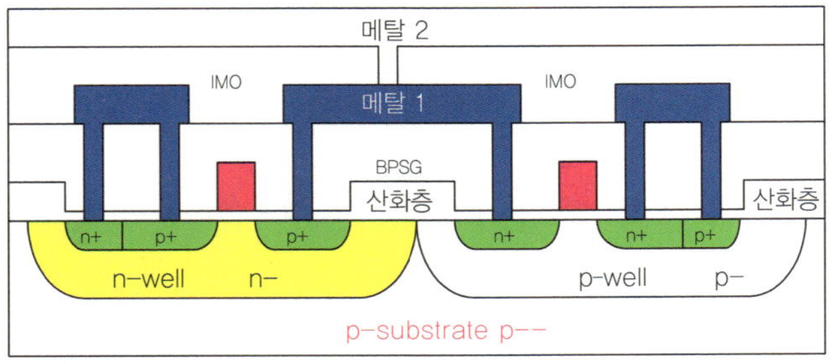

그림 7.57 메탈 2 증착

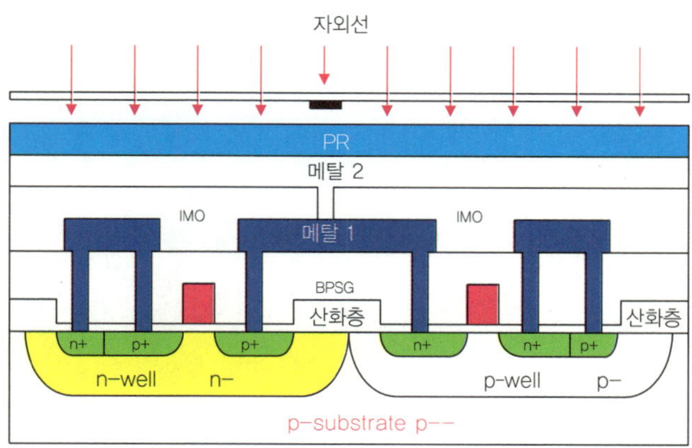

그림 7.58 메탈 2 마스크

그림 7.59 메탈 2 마스킹

(42) 메탈 2 마스킹(metal 2 masking)

메탈 2 마스킹은 메탈 1 마스킹과 같다. 그림 7.58과 같은 메탈 2 마스크를 사용하여 그림 7.59와 같이 메탈 1 위에 다시 PR을 입히고 마스킹을 한다.

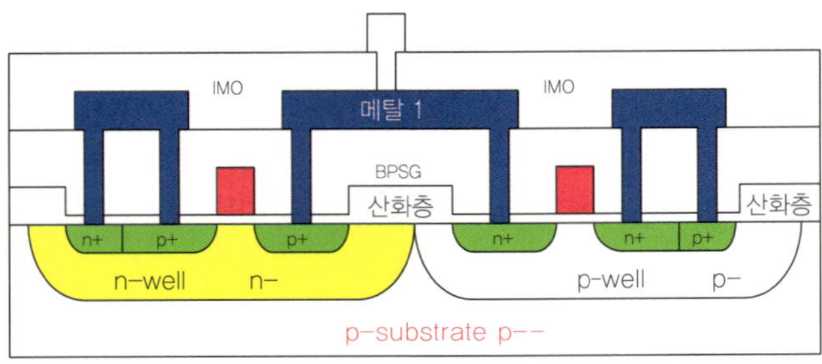

그림 7.60 메탈 2 식각

(43) 메탈 2 식각과 PR 스트립(metal 2 etching & PR strip)

메탈 2를 메탈 1에서처럼 식각시키고 PR을 벗겨 내면 그림 7.60과 같이 되어 메탈 2가 비아를 통하여 메탈 1에 연결된다.

(44) 패시베이션(passivation)

그림 7.61처럼 메탈 2 위에 전체적으로 보호막을 입힌다. 이 보호막은 다이를 물리적, 화학적으로 보호하는 절연층이다. 즉 외부의 압력에 의해 메탈 2가 끊어지거나 습기에 의해 부식되는 것 등을 막아 주는 역할을 한다.

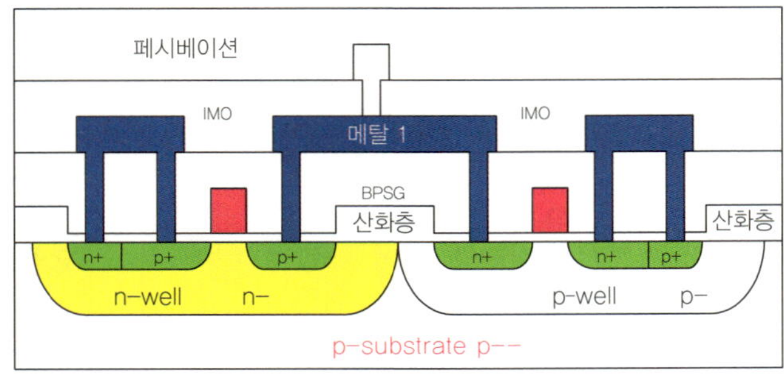

그림 7.61 패시베이션

(45) 패드 오프닝(pad opening)

지금까지는 모두 웨이퍼 상에서의 일이다. 즉 다이 내부에서는 메탈 1, 메탈 2를 이용하여 MOS 간에 연결을 시켰다. 그런데 이 반도체 칩과 다른 반도체 칩을 서로 연결하기 위해서는 다이 바깥으로 연결 시킬 필요가 있는데, 다이는 보호막으로 덮여 있어서 바깥으로 연결 시키려면 필요한 부분에 보호막을 벗겨 내야 한다. 이것이 패드 오 프닝 작업이다. 그림 7.1에는 패드가 없으나, 패드가 있다면 그림 7.62와 같이 메탈 2 위에 패드 마스크를 사용하여 보호막을 뚫는다. 패드 오프닝 작업은 비아 작업과 비슷하다. 보호막 위에 PR을 입히 고, 패드 마스크로 패드 마스킹 작업 후 패시베이션을 식각시키면 그림 7.62와 같이 된다.

지금까지 많은 지면을 할애하여 CMOS 더블 메탈 공정을 살펴보 았다. 그것은 기존의 책들이, 심지어 대학에서 교재로 사용하는 책에 서도 제조 공정이 너무 간략하게 소개되어 좀 더 상세한 단계를 소 개하고 싶어서였다. 하지만 이것조차 앞에서도 언급했지만, 어디까

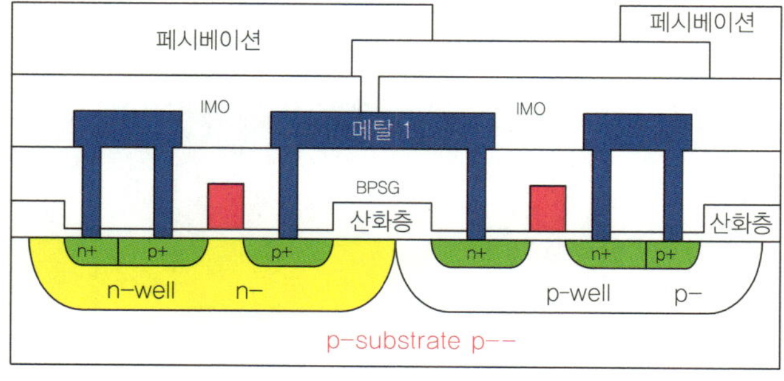

그림 7.62 패드 오프닝

지나 반도체 제조 공정의 개념을 보여 주기 위해 간략하게 40여 단계로 단순화시킨 것이고 실제는 이보다 훨씬 더 많은 100여 단계가 있다. 그리고 이것은 일반적인 CMOS 디지털 공정이고, 공정에 따라 폴리가 여러 층일 수도 있고, 다른 특별한 마스크가 사용되기도 한다. 그리고 요즘은 메탈을 5층까지 사용하는데, 이는 메탈 2와 비아 과정을 반복하면 된다. 즉 메탈 2 위에 IMO 쌓고 비아 2 뚫고, 메탈 3 올리면 3층이 되고 그 위에 또 반복하면 4층, 5층이 되는 것이다.

그림 7.61과 그림 7.2를 비교해 보자. 비슷하면서도 약간 다르다. 그림 7.2에는 게이트 밑에만 산화층이 있고, 그림 7.61에는 필드 산화층도 있고, MOS의 소스 / 드레인 위에도 산화층이 있다. 이는 그림 7.2는 그림 7.61의 약식 도면이라서 그렇다. 사실 그림 7.61도 실제와는 약간 다른 곳들이 있으니 이는 100여 단계를 40여 단계로 줄이다 보니 그렇게 된 것이지만, 제조 공정의 개념을 잡는 데는 지장이 없다.

신문에 나오는 '웨이퍼 가공'이라는 것이 바로 이런 반도체 제조 공정을 말하는 것이다. 영어로는 'FAB 산업', 'FAB 기술'이라는 것이 바로 본 장의 제조 공정을 말한다. FAB은 제조한다는 의미의 패브리케이션(fabrication)의 약자로 이런 웨이퍼 가공을 의미하고, 때로는 이런 웨이퍼 가공을 하는 생산 라인을 지칭하여 FAB 1, FAB 2, FAB 3, … 과 같이 쓰기도 한다.

반도체 포장

지금까지 웨이퍼 가공에 대하여 살펴보았다. 앞에서 거론된 폴리의 폭이나 컨텍의 크기는 1마이크로미터보다도 작다. 그런데 그림 1.1에서와 같이 전자제품은 반도체 칩 한 개로 이루어진 것이 아니라 여러 개의 반도체 칩들과 여러 가지 부품들이 서로 연결되어 있다. 연결하는 방법은 그림 1.1과 같이 그 부품들을 PCB에 올려 놓고 납땜하여 서로 연결시킨다. 그런데 1마이크로미터보다도 작은 것들을 어떻게 납땜할 수 있을까? 그리고 반도체에서 사용하는 규소는 두께가 1밀리미터도 되지 않는 아주 얇은 판이라서 깨지기도 쉽고, 습기에 노출되면 동작이 되지 않을 수도 있다. 이런 이유들로 FAB에서 가공된 웨이퍼를 가져다가 그림 5.6~5.8에서처럼 다이아몬드 톱으로 잘라 내서 그림 7.63과 같이 다이 상의 패드와 칩의 핀(반도체 칩에서 거미 다리처럼 생긴 부분. 그림 4.1 참조) 사이를 가느다란 금줄(gold wire, 직경 약 50마이크로미터 정도)로 연결하고 다이와 그 핀들

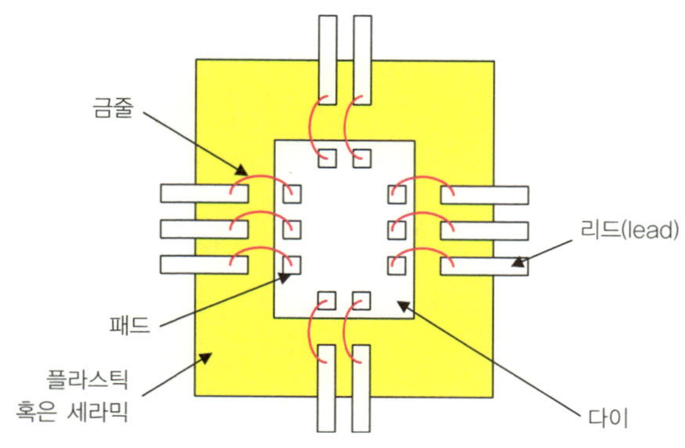

그림 7.63 반도체 칩의 내부 구조

을 플라스틱이나 세라믹으로 덮는다. 이런 것을 반도체 조립이라 하는데 영어로는 조립한다는 뜻의 어셈블리(assembly) 혹은 포장한다는 뜻의 패키징(packaging)이라 한다. 이 때 칩의 핀들의 폭이나 간격은 약 1밀리미터 정도여서 납땜이 가능해진다. 반도체 칩의 모양은 이 패키지 타입(package type)에 따라 그림 1.1, 3.1, 4.1에서처럼 여러 가지가 된다.

우리나라 반도체 산업의 역사를 누구는 60년대부터라 하고 누구는 70년대부터라 하는 이유가 바로 여기에 있다. 우리나라에서 60년대에 시작한 반도체 산업은 반도체 조립 사업이었고, 웨이퍼 가공 산업은 70년대에 시작했다.

2장과 5장의 내용은 반도체 내에서도 반도체 물성(device physics)이라 하여 주로 전자공학, 전기공학, 물리학, 재료공학 전공자들이 수행하는 업무이고, 7장의 반도체 제조 공정은 주로 전자공학, 전기공학, 물리학, 화학, 금속공학, 재료공학, 화학공학 등을 전공한 사람들이 수행한다. 또한 9장에서 설명될 반도체 설계는 주로 전자공학, 전기공학, 전산학을 전공한 사람들이 수행한다. 이처럼 반도체는 전자공학의 한 분야로 물리학에서 출발했지만, 실제로는 여러 분야의 기술들이 어우러져 만들어진 것이다.

이 장에서는 반도체 설계에 필요한 전자공학의 기본적인 개념을 다시 한 번 정리해 보겠다. 지금까지의 설명은 반도체 물성을 이해하기 위한 물리적 설명이었고, 여기서는 설계에 필요한 전자공학의 개념에서 설명하겠다. 처음부터 이와 같은 설명을 하지 않은 것은, 일단 반도체 물성과 용어를 어느 정도 알아야 앞으로 설명할 비유를 제대로 이해할 수 있기 때문이다.

전하의 저수지

그림 8.1과 같은 저수지를 예로 들어 보자. 캐패시터는 전하(전기를 띤 입자)의 저수지다. 저수지는 물을 저장하는 곳으로 물 분자 하나 하나가 전하에 해당한다. 그리고 저수지에 저수된 물의 양이 전하량에 해당한다. 저수지에 물이 유입되는 것은 캐패시터를 충전하는 것과 같다. 반대로 저수지의 수문을 열어 물을 하류로 방류하는 것은 캐패시터를 방전시키는 것에 해당한다. 저수지에 물이 유입되면 저수지의 물의 양이 많아지고 그에 따라 저수지의 물의 높이가 올라간다. 다른 각도에서 보면 저수지의 수위가 올라가면 저수된 물의 양이 많아졌다고 판단할 수 있다.

캐패시터도 마찬가지다. 캐패시터에 충전이 될수록 전하가 많이 쌓이고 그에 따라 전위가 올라간다. 반대로 캐패시터의 한쪽 단의 전위를 높일수록 많은 전하를 저장할 수 있다. 전압은 전위차이고, 캐패시터는 그림 8.2에서 보듯이 노드(node)가 두 개이니, 한쪽 노드의 전위가 높아졌다는 것은 다른 쪽 노드를 기준으로 하면 전압이 높아졌다는 것이다. 노드란 전위가 다른 지점을 말한다.

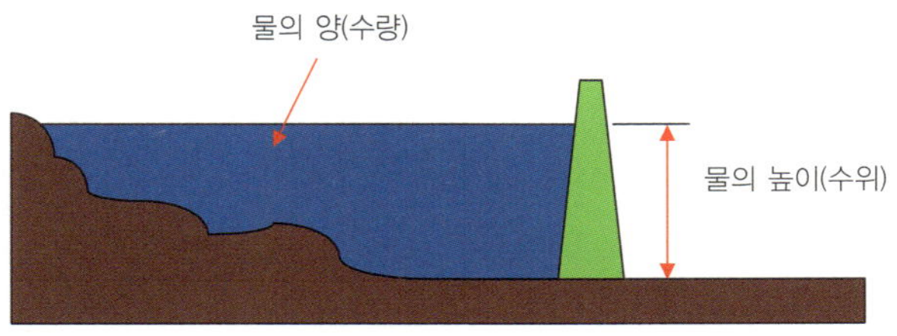

그림 8.1 저수지 단면도

저수지에 유입되는 물의 흐름이 빠르면 저수지에는 그만큼 빨리 물이 찰 것이다. 캐패시터도 충전시키는 전류가 클수록 충전이 빨리 된다. 반대로 저수지의 물을 방류시킬 때 방류되는 속도가 빠르면 그만큼 저수지 물이 빨리 방류된다. 마찬가지로 방전 전류가 크면 캐패시터의 방전이 빨리 된다. 전류는 전하의 흐름이고 이것은 물의 흐름 즉, 유속에 해당한다.

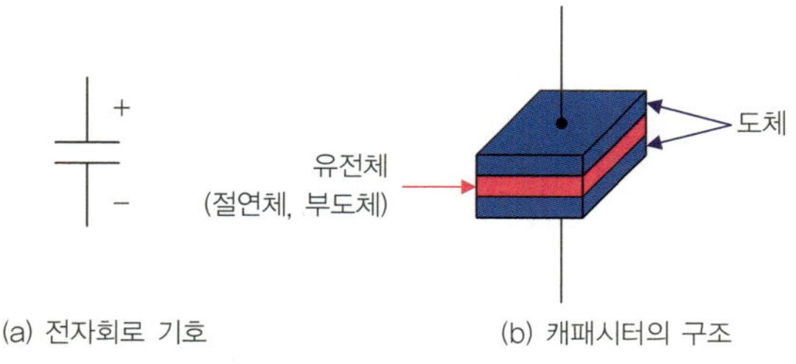

그림 8.2 캐패시터

그림 8.2 (a)는 캐패시터의 전자회로 기호이다. +, −극은 별다른 의미는 없고, 전위가 높은 곳이 +, 낮은 곳이 −가 되므로 전압에 따라 서로 바뀔 수 있다. 물리적 구조는 그림 8.2 (b)와 같다. 두 도체판 사이에 유전체가 있으면 캐패시터가 형성된다. 당연히 도체와 유전체가 접하는 면적이 클수록 캐패시터의 용량이 커져서 더 많은 전하를 저장할 수 있다. 저수지 바닥 면적이 넓을수록 저수 용량이 크듯이. 그러나 직관과는 다르게 절연층의 두께가 얇을수록 용량이 커진다. 즉 절연층의 두께가 얇을수록 더 많은 전하를 저장할 수 있다. 캐패시터가 전하를 저장하는 원리에는 분극 현상이라는 것이 있는

데, 그냥 그런 것이 있고 절연층의 두께가 얇을수록 전하 저장 용량이 커진다고만 알아 두자. 여기서 부도체, 절연체, 유전체는 다 같은 말이다.

지금까지의 설명을 수식으로 써 보자. 전하량을 Q, 전압을 V, 시간에 따라 변하는 순간 전류를 소문자 i로 나타낼 때, 전하량은 전압이 높을수록 많아지니까,

$$Q = CV \qquad \cdots (식\ 8.1)$$

라고 표시할 수 있다. 여기서 C는 캐패시터의 용량을 나타내는데, 패럿(farad, F)이란 단위를 사용한다. 저수지의 저수 용량으로 생각하면 된다. 식 8.1의 의미는 캐패시터의 용량이 같다면 전압이 높을수록 많은 전하를 저장할 수 있다는 의미다. 저수지의 수위가 높을수록 저수되는 물의 양이 많아지는 것과 같다.

또 전류는 전하의 흐름이라 했는데 다시 말하면, 미분 개념의 주어진 짧은 시간 dt에 대한 전하의 변화량 dQ이므로 캐패시터에 충전 혹은 방전되는 순간 전류 i는

$$i = dQ\ /\ dt \qquad \cdots (식\ 8.2)$$

로 나타낼 수 있다.

여기서 굳이 전류라 하지 않고 순간 전류라고 하는 것은 캐패시

터가 충전될 때 처음에는 전류가 많이 흐르다가 시간이 지날수록 점점 줄어들어 마침내 캐패시터가 다 충전되고 나면 더 이상 흐르지 않으므로 시간에 따라 전류가 변하기 때문이다. 이와 같이 방전될 때의 방전 전류도 캐패시터가 다 방전되고 나면 더 이상 흐르지 않는다. 이런 순간 전류는 시간 축에서 시간으로 미분이 가능하다.

식 8.2에 식 8.1을 대입하면,

$$i = dQ \ / \ dt = C \ (dV \ / \ dt) \qquad \cdots \ (\text{식 } 8.3)$$

가 된다. 즉 전류는 전압의 시간당 변화량에 비례한다. 저수지에 유입되거나 방류되는 물의 흐름은 저수지 수위를 측정함으로써 알 수 있듯이, 캐패시터의 충전 혹은 방전 전류는 캐패시터의 전압을 측정하면 알 수 있다. 사실 식 8.1은 캐패시터가 충전이나 방전이 멈춘 상태의 공식이고, 충전이나 방전 중에는 전압이 시간에 따라 변하므로 전압 V도 식 8.4에서처럼 시간에 따라 변하는 순간 전압 v로 나타내야 정확하다. 저수지에 물이 유입되거나 방류되는 상태에서는 저수지의 수위가 시시각각 변하는 것과 마찬가지다.

시간에 따라 변한다는 것은 시간으로 미분이 가능하다는 것이므로

$$i = dQ \ / \ dt = C \ (dv \ / \ dt) \qquad \cdots \ (\text{식 } 8.4)$$

로 나타낸다.

마지막으로 캐패시터의 용량은 그림 8.2에서 도체와 부도체가 접한 면적을 A, 부도체의 두께를 t라 하면, 면적이 크고 절연체의 두께가 얇을수록 전하를 많이 저장하므로 캐패시터의 용량 C는

$$C = \varepsilon A \,/\, t \qquad\qquad \cdots \text{(식 8.5)}$$

이다. 여기서 ε은 사용한 절연체 물질이 지닌 고유 유전상수로 '입실론'이라 읽는다. 또 여기서 말하는 C는 식 8.1의 C와 동일한 것으로 얼마나 많은 전하를 저장할 수 있는지 나타낸다. 즉 저수지의 저수 능력에 해당한다.

저수지의 수문을 열지 않아도 저수지의 물이 증발하거나 저수지 바닥으로 스며들어 저수된 물이 줄어들게 된다. 캐패시터에서도 마찬가지로 일부러 방전시키지 않아도 전하가 새나간다. 이는 14장에서 설명할 열 에너지에 의해 발생된 EHP(Electron Hole Pair)에 의한 것으로 이를 누설 전류(leakage current)라 한다. 충전지를 사용하지 않아도 오랫동안 방치해 두면 다 방전되는 것이 이런 이유 때문이다.

물의 양과 높이, 파이프 굵기

그림 8.3에서 저수지의 수문이 둑의 아래쪽에 있다고 생각해 보자. 댐 하류의 수위가 상대적으로 낮은 (a)의 경우와 하류의 수위가 상대적으로 높은 (b)의 경우, 저수지 수문을 열면 어느 쪽이 더 빨리 물이

방출될까? 당연히 수위의 차이가 많이 나는 (a)의 경우가 유속이 더 빠를 것이다.

이해가 잘 안 되면 그림 8.4를 보자. 같은 굵기의 파이프를 사용한다면 (a)처럼 물 탱크의 높이가 높은(위치 에너지가 큰) 파이프에서 쏟아져 나오는 물의 유속이 빠를 것이다. 유속이 빠르다는 의미는 시간당 흐르는 물의 양이 많다는 의미다. 전류는 전하의 흐름이고 수위는 전위에 해당하고 전압은 전위차라 했다. 전위차가 클수록 즉, 전압이 높을수록 전류는 많이 흐른다.

이번에는 그림 8.5와 같이 물 탱크의 높이는 같은데 파이프의 굵기가 다르다면, 파이프가 더 굵은 (a)의 경우가 시간당 물이 더 많이 빠질 것이다. 파이프의 굵기는 저항에 반비례한다. 즉 파이프가 굵다는 것, 파이프의 단면적이 크다는 것은 저항 값이 작다는 의미다.

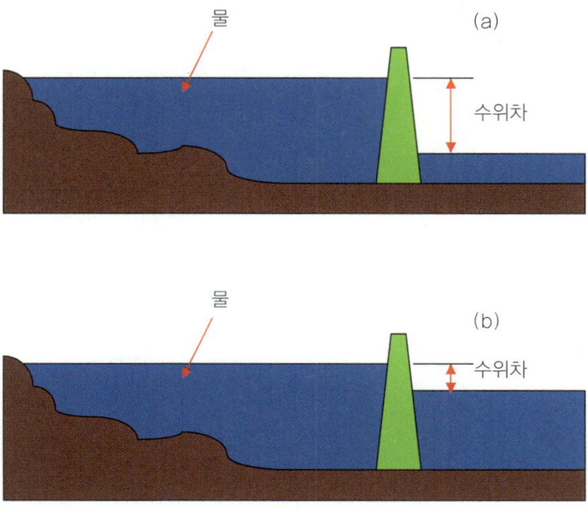

그림 8.3 저수지의 수위차

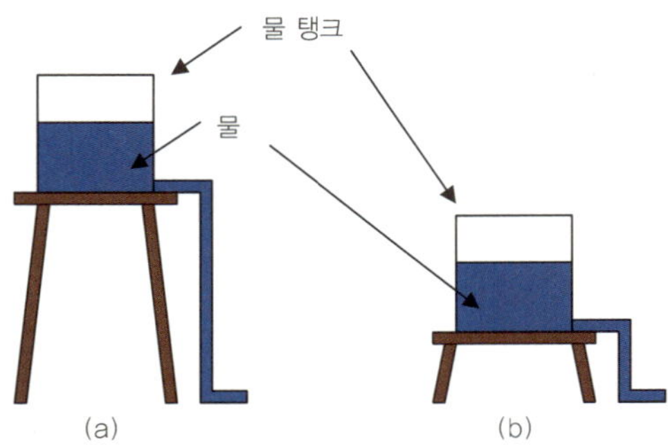

그림 8.4 물 탱크의 위치

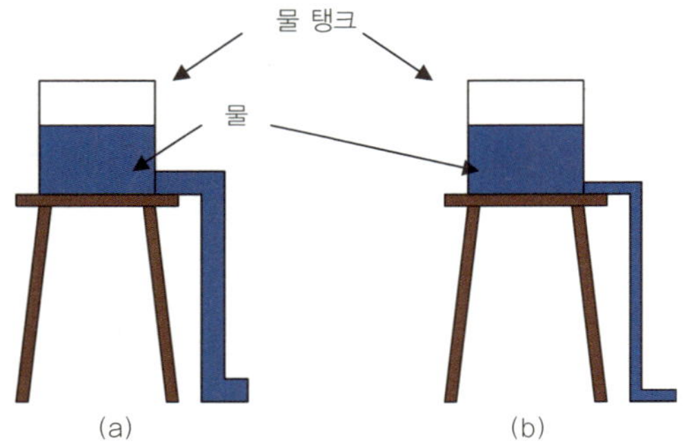

그림 8.5 파이프의 굵기

지금까지의 설명을 수식으로 표현해 보자.

$$I = V / R \qquad \cdots \text{(식 8.6)}$$

전류는 전압이 높을수록, 저항이 작을수록 전류가 많이 흐른다.

펌프의 패킹

그림 8.6에서처럼 펌프 손잡이를 상하로 움직이면 펌프에서 물이 나오는데 그 원리를 살펴보면, 그림 8.7에서와 같이 펌프 내부의 패킹이 한쪽만 고정되어 있어서 패킹 뭉치가 아래로 내려갈 때는 패킹이 열려 물이 들어오고, 패킹 뭉치가 위로 올라갈 때는 패킹이 닫혀서 두레박처럼 물을 담아 올린다.

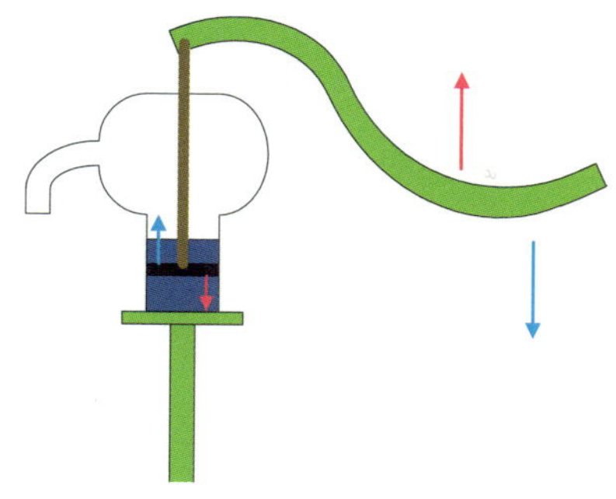

그림 8.6 가정용 펌프의 단면도

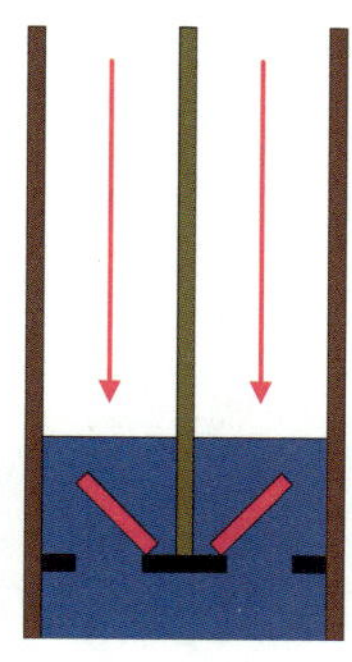

(a) 수면 아래에서 패킹이 열림

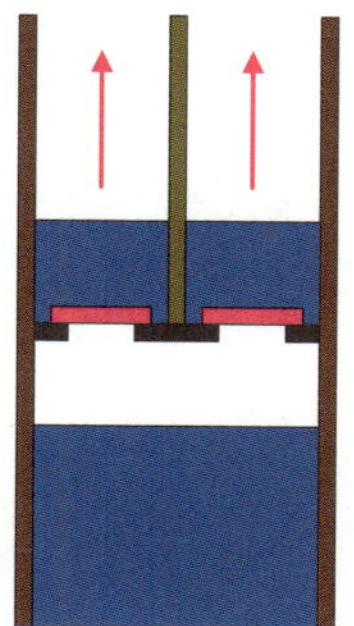

(b) 올라갈 때 패킹이 닫힘

그림 8.7 펌프의 원리

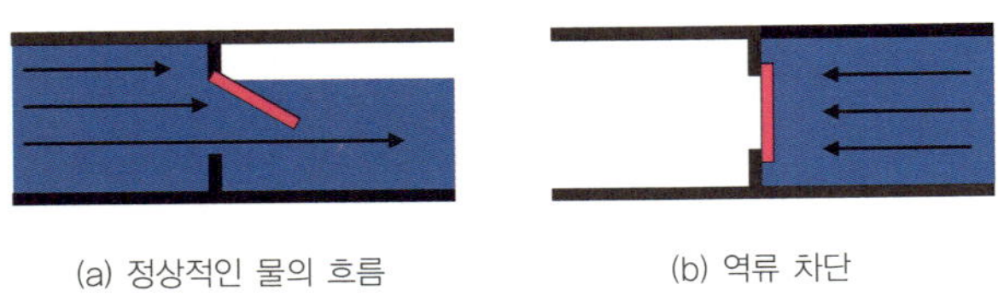

그림 8.8 한쪽이 고정된 밸브에서의 물의 흐름

그러면 이제 펌프의 패킹처럼 한쪽이 고정된 밸브가 있는 파이프에서 물의 흐름을 생각해 보자. 그림 8.8에서처럼 오른쪽으로만 열리는 밸브가 장착된 파이프에서는 물이 왼쪽에서 오른쪽으로는 흐를 수 있지만, 오른쪽에서 왼쪽으로는 흐르지 못한다.

다이오드도 이와 같다. 다이오드는 +, −극이 있는데, 전류가 +극에서 −극으로는 흐르지만 반대로는 흐르지 못한다. 전류가 +극에서 −극으로 흐르려면 +극의 전위가 −극의 전위보다 높아야 한다. 그 반대의 경우로 전압이 걸리면 전류가 흐르지 못한다. 그림 8.9 (a)처럼 전류가 흐르게 다이오드의 +극 전위가 −극 전위보다 높게 전압이 걸린 것을 순방향 바이어스 되었다고 하고, (b)와 같이 그 반대로 전압이 걸린 것을 역방향 바이어스가 걸렸다고 한다.

다이오드도 모스처럼 문턱 전압이 있어서 다이오드의 +극이 −극

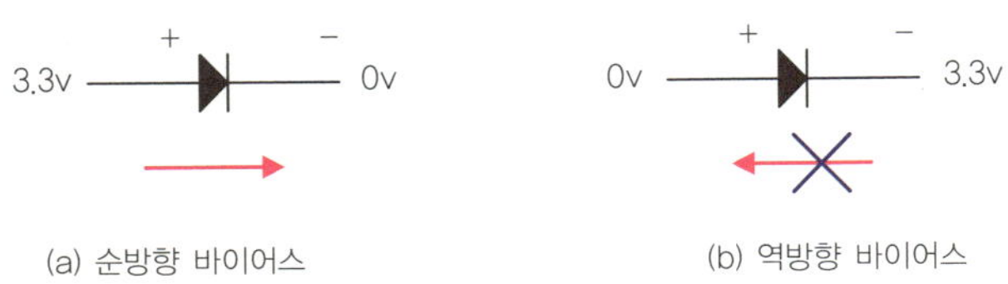

그림 8.9 다이오드의 전기적 특성

보다 문턱 전압 이상으로 높아야 전류가 흐르는데, 이 문턱 전압은
약 0.7볼트 정도이다.

위로 여는 차단 밸브

그림 8.10과 같은 수직 차단 밸브가 있는 파이프를 생각해 보자. (a)
는 밸브가 완전히 차단된 상태이고 (b)는 밸브가 열리기 시작하는
시점이다. 밸브 받침의 높이만큼 밸브가 열려서 물이 흐르기 시작한
다. (c)는 밸브가 밸브 받침 높이보다 더 열려서 물이 흐르는 상태이
다. (d)는 밸브가 더 많이 열려서 물이 (c)보다 더 많이 흐르는 것을
보여 준다.

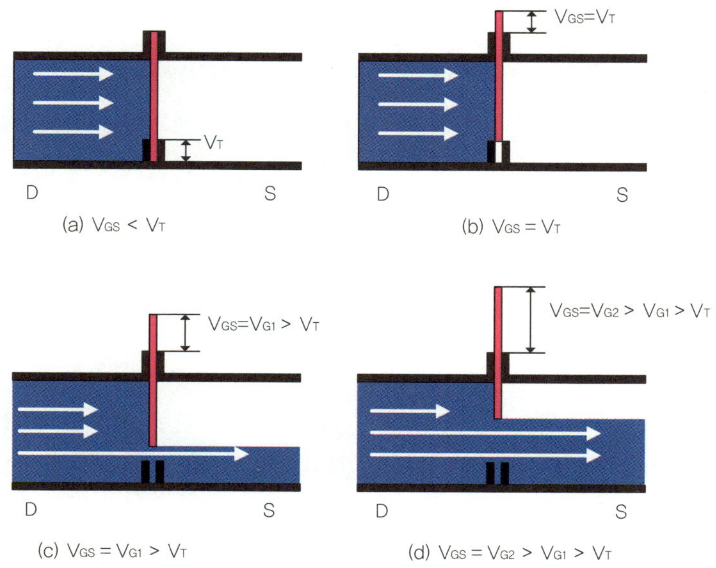

그림 8.10 NMOS에서 V_{GS}

NMOS에서는 밸브 받침의 높이가 문턱 전압 V_T에 해당하고, 차단 밸브의 높이가 V_{GS}에 해당한다. 차단 밸브가 밸브 받침 높이 이상 높아야 물이 흐르듯이, V_{GS}가 V_T보다 낮으면 NMOS는 오프 상태이고, V_{GS}가 점점 높아져서 V_T가 되면 온이 된다. 그리고 같은 온 상태라 하여도 V_{GS}가 높을수록 전류는 더 많이 흐른다. NMOS에서 전류는 드레인(D)에서 소스(S) 쪽으로 흐른다. 왜냐 하면 전압이 높은 쪽을 드레인이라고 하기 때문이다. 그림 8.10에서 보듯이 이런 차단 밸브에서는 물이 왼쪽에서 오른쪽으로, 오른쪽에서 왼쪽으로도 흐를 수 있다. NMOS에서도 마찬가지다. 소스와 드레인은 물성적으로 아무런 차이가 없다. 그림 8.10에서처럼 전류가 왼쪽에서 오른쪽으로 흐르면 왼쪽을 드레인, 반대로 오른쪽에서 왼쪽으로 흐르면 오른쪽을 드레인이라고 부를 뿐이다.

그림 8.10 (b)를 보자. 순서가 (a)→(b)→(c)였다면 (b)는 '열리기' 시작하는 시점이라고 할 수 있다. 그러나 순서가 (c)→(b)→(a)라면 (b)는 '닫히기' 시작하는 시점이 된다. 문턱 전압이라는 말은 이 점에서 정말 잘 붙인 것 같다. 상황에 따라 '문턱 전압에 도달하여 온 되었다'고 할 수도 있고, '문턱 전압에 도달하여 오프 되었다'고도 할 수 있다.

그림 8.11에서처럼 밸브는 같은 정도로 열려 있는데, (a)는 수압이 높고 (b)는 수압이 낮다면 어느 쪽의 파이프에서 시간당 흐르는 물의 양이 많을까? 당연히 수압이 높은 쪽의 파이프에서 물이 더 많이 흐를 것이다. NMOS에서도 V_{GS}가 같다면 V_{DS}가 클수록 전류가 많

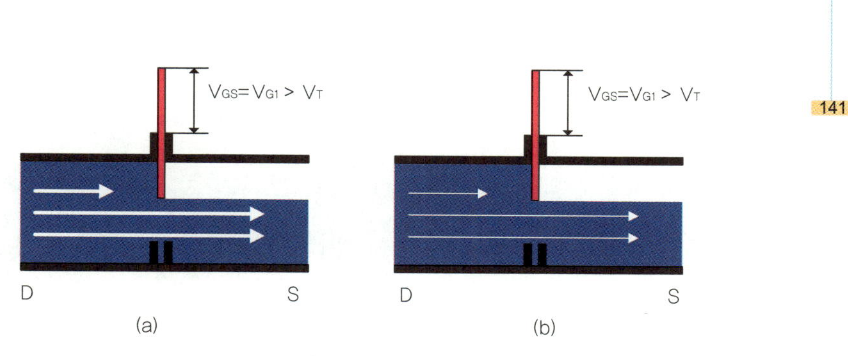

그림 8.11 V_{GS}가 같을 때 V_{DS}에 따른 전류의 크기

이 흐른다. 파이프의 D쪽과 S쪽 수압이 같다면 어떻게 될까? 밸브가 열려 있어도 물은 흐르지 않는다. NMOS에서도 V_{GS}가 V_T보다 높더라도 $V_{DS}=0(V_D-V_S=0)$이면 전류는 흐르지 않는다.

이번에는 그림 8.12처럼 파이프의 굵기가 다른 경우에는 수압이 같고, 밸브도 같은 높이까지 올렸어도 파이프 지름이 큰 (a) 경우가 (b) 경우보다 시간당 흐르는 물이 많을 것이다. MOS에서도 그림 8.13과 8.14에서처럼 NMOS, PMOS 공히 MOS의 폭(width, W)이 클수록 V_{GS}, V_{DS}가 같은 조건이면 전류가 더 많이 흐른다.

반면 그림 8.13과 8.14에서는 L이 클수록 NMOS, PMOS 공히 전류는 적게 흐른다. 이 L은 MOS의 길이(length)라고 한다. MOS의 폭이 크다는 것은 많은 캐리어들이 동시에 이동할 수 있어서 시간당 전류가 많이 흐르는 것이고, L이 크다는 것은 캐리어들이 이동할 거리가 멀어서 그만큼 캐리어들이 벌크 등 다른 쪽으로 빗나갈 확률이 높아 소스 쪽에 도달하는 캐리어의 개수가 적어, 전류가 적게 흐르는 것을 알 수 있다.

다시 저수지의 예로 돌아가 저수지의 1킬로미터 지점과 10킬로미터 지점에서 물의 양을 측정하면 도중에 물이 다른 데로 빠지는 곳이 없어도 1킬로미터 지점보다 10킬로미터 지점의 물의 양이 좀 더 적을 것이다. 그건 물이 흘러 내려오면서 땅으로 스며들기도 하고, 증발되기 때문이다. 그렇듯 MOS에서도 길이가 길수록 소스에서 출발한 전자들이 벌크나 기타 다른 방향으로 빗나가 드레인에 도착한 전자의 개수가 소스에서 출발한 개수보다 적어질 확률이 높아진

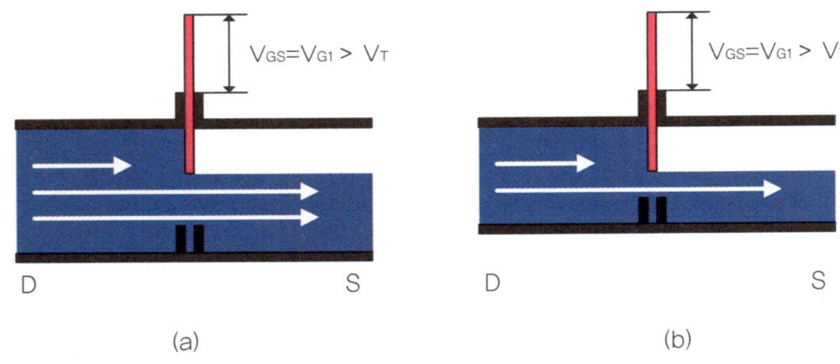

그림 8.12 파이프의 굵기가 다른 경우

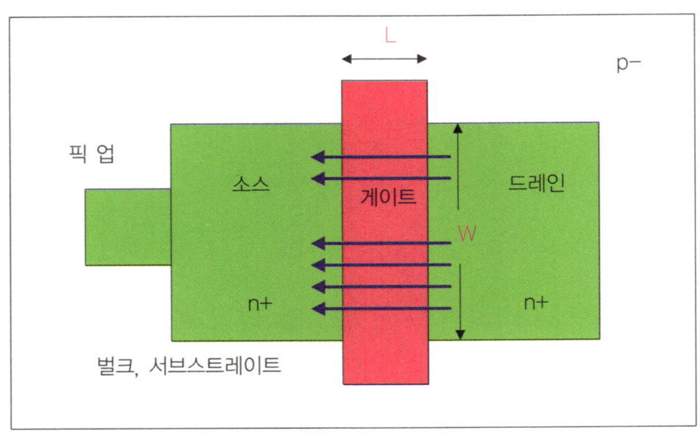

그림 8.13 레이아웃에서 MOS의 폭(W)과 길이(L)

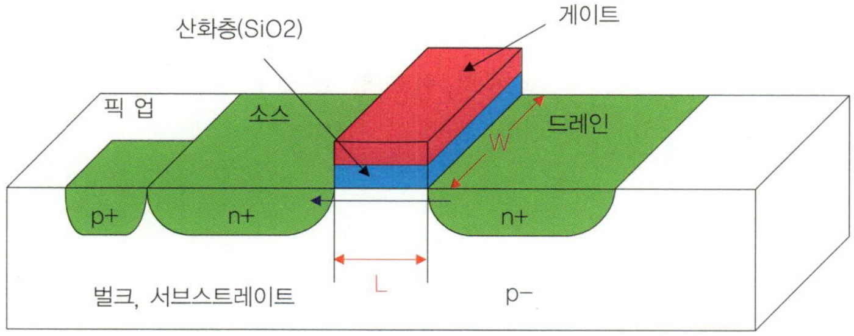

그림 8.14 입체도에서 MOS의 폭과 길이

다. 반도체 설계에서는 이 MOS의 폭과 길이를 적절히 조절하여 원하는 만큼의 전류를 흐르게 하여 회로를 설계한다.

아래로 여는 차단 밸브

PMOS도 NMOS와 동일하다. 단, PMOS의 V_T는 음수이고 소스와 드레인이 NMOS와 달리 전압이 높은 쪽이 소스, 낮은 쪽이 드레인이어서 $V_{GS} < V_T$일 때 온 되고, $V_{DS} = V_D - V_S < 0$일 때 전류가 흐른다는 점이 다르다.

우선 V_T가 음수인 것은 그림 8.15에서처럼 차단 밸브의 방향이 그림 8.10과는 달리 아래쪽으로 여는 것으로 이해하면 될 것이고 8.10과 달리 물의 흐름이 바뀌었다.

PMOS는 NMOS에 대하여 V_T, V_{GS}, V_{DS} 그리고 I_{DS}의 부호가 다르기에 이 값들에 절대값을 취하면 NMOS와 같아진다. 즉 $|I_{DS}|$는 $|V_{GS}|$가 높을수록, $|V_{DS}|$와 MOS의 폭(W)이 커질수록, 길이(L)가 작

아질수록 전류가 많이 흐른다.

표 8.1에 NMOS와 PMOS의 전기적 특성을 요약했다. 이를 5장의

표 5.1과 비교해 보자.

항 목	조 건
MOS가 온 되는 조건	$\lvert V_{GS} \rvert > \lvert V_T \rvert$
MOS에 전류가 흐를 조건	$\lvert V_{GS} \rvert > \lvert V_T \rvert$ 이고 $\lvert V_{DS} \rvert > 0$일 때
$\lvert I_{DS} \rvert$가 커질 조건	1. $\lvert V_{GS} \rvert$가 커질수록 2. $\lvert V_{DS} \rvert$가 커질수록 3. MOS의 W / L 의 비율이 커질수록

표 8.1 MOS의 전기적 특성

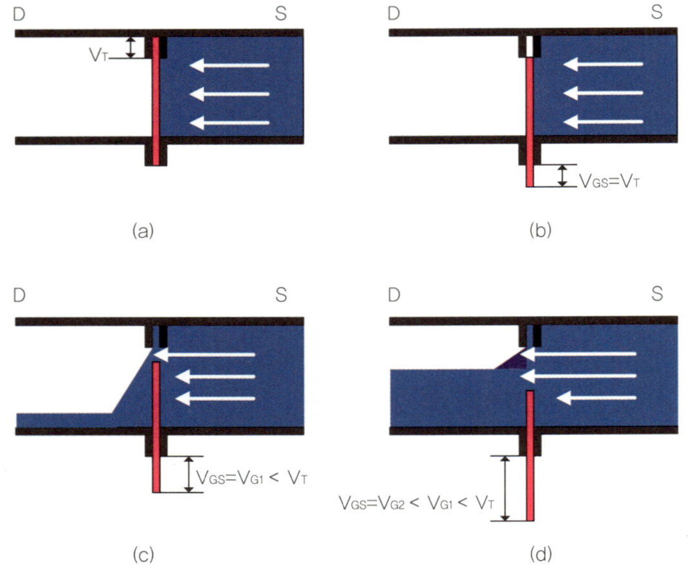

그림 8.15 PMOS에서의 V_{GS} ($V_T < 0$)

모스에도 기생충이 있다

반도체에서 기생 소자(parasitic device)란 의도적으로 만든 소자가 아니라 어쩔 수 없이 생겨난 것을 말한다. 기생 소자에는 여러 가지가 있으나 여기서는 기생 저항, 기생 캐패시터를 살펴보자.

그림 8.16 (a)를 보자. 소스와 드레인은 n-type이고 벌크는 p-type이다. 즉 pn 다이오드가 형성된다. 그리고 pn 다이오드의 +극 즉, p 단자는 벌크가 되는데 벌크는 NMOS에서는 VSS에 연결시키므로 p 단자가 n 단자보다 높은 전압에 걸리는 경우가 없다. 즉 다이오드가 역바이어스에 걸려서 중간에 공핍층이 생긴다(2장 참조). 이 공

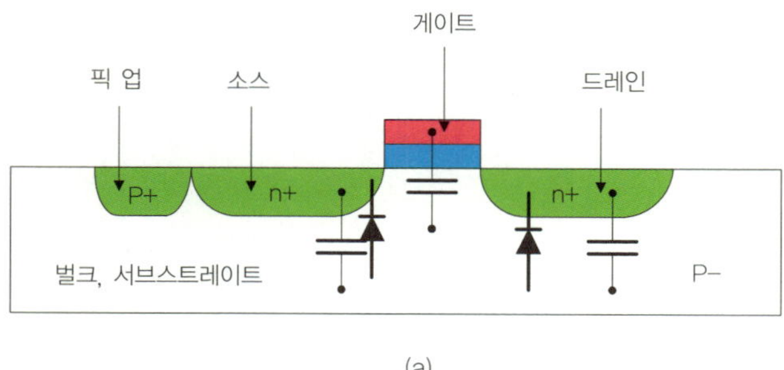

(a)

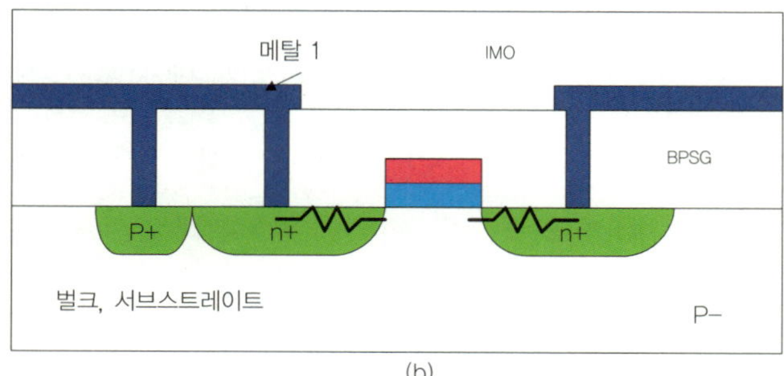

(b)

그림 8.16 MOS에서의 기생 소자

핍층이 부도체 역할을 한다. 즉 소스 입장에서 보면 소스, 공핍층(부도체), 벌크가 되어 양쪽 도체 사이에 부도체가 존재하여 캐패시터가 형성된다. 드레인 쪽도 드레인, 공핍층, 벌크가 캐패시터가 된다. 게이트 쪽은 폴리, 산화층, 벌크 순으로 되어 산화층을 부도체로 하고 폴리와 벌크가 도체가 되어 역시 캐패시터가 형성된다. PMOS에서도 마찬가지다.

소스 쪽에 형성된 캐패시터를 C_S, 게이트 쪽에 생긴 캐패시터를 C_G, 드레인 쪽에 생긴 캐패시터를 C_D로 표시한다. PMOS에서도 마찬가지로 C_S, C_G, C_D가 형성된다. 사실 MOS의 기생 캐패시터는 더 세분할 수 있지만, 이쯤 해 두자. C_S, C_D는 그림 8.16 (a)에서 보듯이 pn 접합(pn junction)에 의해서 생기는 것이기에 통칭하여 정션 캐패시터(junction capacitor)라 하고, 게이트 밑에 생기는 기생 캐패시터를 게이트 캐패시터라 한다.

그림 8.16 (b)를 보면 소스나 드레인이 컨텍에 의해 메탈 1과 연결되는데 그 컨텍을 통해 전류가 소스나 드레인에 공급되는 것이다. 이 컨텍부터 게이트 밑에 형성될 채널까지 거리가 있으므로 그 거리에 의해서 생기는 저항을 말한다. 드레인 쪽에 생기면 드레인 저항(RD), 소스 쪽에 생기면 소스 저항(RS)이라 한다. 도체에도 저항 성분이 있는데, 단면적이 작을수록 길이가 길수록 저항 값이 커진다.

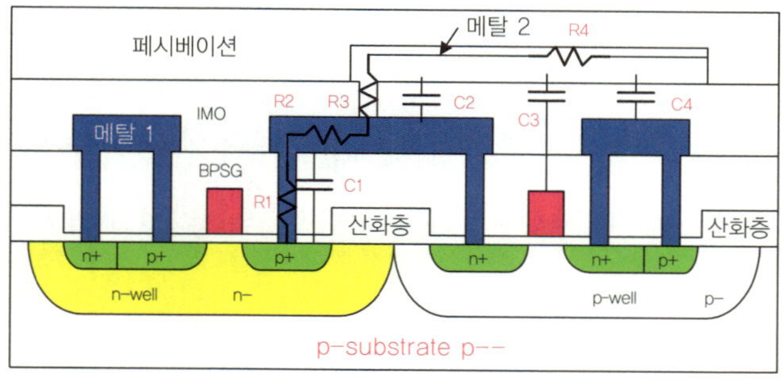

그림 8.17 인터커넥션(라우팅) 기생 소자

길 위의 기생충

인터커넥션이란 소자와 소자를 연결시켜 주는 것을 말하는데, 주로 폴리나 메탈로 인터커넥션을 한다. 소자란 저항, 캐패시터, MOS, 다이오드 등을 일컫는다. 인터커넥션은 전하가 다니는 길이라 하여 라우트(route), 소자와 소자를 연결시키는 것을 전하가 다니는 길을 만든다고 하여 라우팅(routing)이라고 한다.

그림 8.17에서 PMOS의 드레인에서 메탈 2까지의 기생 소자들만 살펴보면〔물론 다른 패스(path)에도 이와 같이 생긴다〕 R1은 컨텍 저항, R2는 컨텍에서 비아까지의 메탈 1 저항, R3는 비아 저항, R4는 메탈 2 저항을 나타낸다. C1는 BPSG를 유전체로 메탈 1과 PMOS의 드레인을 단자로, C2는 IMO를 유전체로 메탈 2와 메탈 1을 단자로, C3는 IMO와 BPSG를 유전체로 메탈 2와 폴리를 단자로, C4는 IMO를 유전체로 메탈 2와 메탈 1을 단자로 하는 기생 캐패시터들이다.

어느 인터넷 홈페이지에서 공대생 측정법을 본 적이 있다. 다음 단어를 보고 바로 떠오르는 뜻을 생각해 보기 바란다. 물론 이 단어에는 여러 가지 뜻이 있다. 그 중에서 제일 먼저 떠오르는 뜻을 적어 보자.

probability, equation, evaluate, frequency, function

어떤 대답이 나왔는가?

전자공학에서는 기능이나 관점에 따라 같은 사물을 다른 용어로 사용하기도 하고, 다른 사물을 같은 용어로 쓰기도 한다. 금강산, 봉래산, 풍악산, 개골산은 모두 같은 산을 지칭하고, 명태, 북어, 동태는 모두 같은 생선을 지칭하는 것이다. 반대로 사람의 배, 타는 배, 과일 배를 모두 '배'라고 부르는 것과 마찬가지다. 1장의 PCB를 사람에 따라 보드라고 부르기도 하고 카드라고 부르기도 한다. 이는 같은 사물을 칭하는 것이다.

전기를 띤 입자를 전하라고 하는데 전하는 영어로 차지(charge)이다. 캐패시터 혹은 축전지를 우리는 충전, 방전시킨다고 한다. 영어로는 차지, 디스차지(discharge)라고 한다. 그래서 반도체에서는 전하라는 말 대신 캐리어라는 말을 쓴다. 근본적으로는 전자 혹은 전자가 들어갈 여지(hole)를 지칭하는 것이다.

MOS의 단자 중에 소스, 드레인이 있다. 둘을 통칭하여 액티브라고도 하고, 그 제조 과정이 확산(diffusion)을 이용하기에 디퓨전(diffusion)이라고도 한다. 그리고 그것이 구조상 수직적으로 pn 접합(pn junction)을 형성하기에 정션(junction)이라고도 한다. 전기적으로 벌크는 구조적으로는 서브스트레이트라 부른다. 벌크에 전압을 가하는 입장에서는 픽 업을 이 책에서는 언급하지 않았으나 ESD / 래치 업(latch up) 관점에서는 가드 링(guard ring)이라고도 한다. 부도체(insulator), 절연체, 유전체(dielectric substance)는 모두 같은 말이다.

MOS의 단자에는 소스, 드레인, 게이트가 있다. 게이트는 MOS에서는 일개 단자지만 뒤에 나올 설계에서는 어떤 기본 기능을 하는 회로를 또 게이트라 한다. VDD, VCC 등으로 표시하는 전원을 파워라 한다. 그러면서도 전압×전류인 전력도 파워라 한다. 뒤에 설명할 입력의 반대되는 신호를 출력하는 회로를 인버터(inverter)라 한다. 그런데 직류를 교류로 바꾸는 회로도 인버터라 한다.

같은 반도체를 하는 사람들끼리도 공정 쪽에선 SOG가 스핀 온 글래스(spin on glass)를 뜻하고 설계 쪽에선 시 오브 게이트(sea of gate)를 뜻한다. 많은 사람들이 인터넷 프로토콜(internet protocol)을 연상하는 IP를 반도체 쪽에선 인텔렉추얼 프로퍼티(intellectual property)로, 언론에서 자주 언급되는 사회간접자본 SOC를 반도체 쪽에선 시스템 온 칩(System on Chip, SoC)이란 말로 더 많이 사용한다.

연구소 프로젝트 미팅에서는 자주 이런 말이 오간다. "설명을 들어 보니, 이번 프로젝트는 SoC로 설계할 수밖에 없겠네요. 어떤 IP들이 필요한지 목록을 작성하고 그 IP들을 도입할지, 자체 설계할지 다음 미팅에서 결정합시다."

이런 뜻을 떠올릴수록 당신은 공대생에 가깝다.

probability : 확률 equation : 방정식 등식

evaluate : 계산하다 frequency : 주파수 function : 함수

사전적 의미

probability : 실제로 있음 직함, 개연성, 일어남직함

equation : 평균화, 동일화, 동등화, 균일화, 평형

evaluate : 평가하다, 견적하다

frequency : 자주 일어나기, 빈발, 빈번

function : 기능, 작용, 효용, 직무, 구실

CMOS란 PMOS와 NMOS를 모두 사용하여 서로 반대로 (complementary) 동작한다는 뜻이다. 즉 PMOS가 온 될 때 NMOS는 오프 되고, PMOS가 오프 될 때 NMOS는 온 된다. 반도체에서 사용하는 전원, VDD는 공정에 따라 5.0볼트, 3.3볼트, 2.5볼트 혹은 1.8볼트이다. 여기서는 편의상 3.3볼트라 가정하고 설명하겠다. 또 문턱 전압 V_T 역시 공정에 따라 다르지만, 여기서는 0.6볼트 즉, PMOS의 V_T는 −0.6볼트, NMOS의 V_T는 0.6볼트라고 가정하자. PMOS와 NMOS의 V_T를 구분하여 PMOS의 V_T는 V_{TP}, NMOS의 V_T는 V_{TN}으로 나타내기로 한다.

로직(logic)은 참과 거짓을 나타내는 논리 표현이다. 수학에서 사용하는 것으로 '참'은 '1', '거짓'은 '0'으로 나타낸다.

CMOS 디지털 회로에서 사용하는 전압 값은 전원인 VDD, 3.3볼트와 접지 VSS, 0볼트이다. VDD는 '1' 혹은 '하이(high)'로 표시한다. 반대로 VSS는 '0' 혹은 '로우(low)'로 표시한다. 1과 0으로 나타내므로 디지털을 2진수라고 한다. 디지털과 아날로그의 차이는 13장에서 자세히 살펴보자.

반도체는 PMOS, NMOS, CMOS 공정 중 어떤 제조 기술을 사용하느냐에 따라 회로가 달라진다. PMOS 공정에서 NMOS를 사용하여 설계를 하면 어떻게 제조할 수 있겠는가? CMOS 공정을 사용하여 디지털 논리 회로를 설계하는 것을 CMOS 디지털 로직 디자인(digital logic design)이라 한다. 논리 회로에는 스위치, 인버터, 낸드 게이트, 노어 게이트, 플립플롭 등이 있는데 이것들을 하나씩 살펴보자.

앞으로 전압을 나타내는 데 특별한 기준 전압이 없으면 접지(VSS, 0볼트)를 기준으로 한다. 즉 V_{GS}는 V_S에 대한 V_G의 전위차를 나타내지만, V_G 자체는 0볼트에 대한 전위차, V_S도 0볼트에 대한 전위차를 나타낸다.

피모스 스위치

반도체 제조 공정에 많은 지면을 할애해서 MOS의 전기적 성질에 대한 기억이 희미할 텐데, 기억을 더듬으며 표 5.1과 8.1, 그림 9.1을 보자. PMOS 입력(V_{in})으로 VDD, 3.3볼트가 들어오고 드레인 쪽이 0볼트라고 가정해 보자.

PMOS에서 소스, 드레인은 물질적 차이는 없고, 단지 전압이 높은 쪽이 소스가 되고 낮은 쪽이 드레인이 된다. 그리고 게이트와 소스의 전압이 문턱 전압 V_T보다 낮으면 채널이 형성되어 MOS가 온 된다고 했다.

그림 9.1에서 드레인 쪽의 캐패시터는 이 PMOS 스위치가 구동

시켜야 할 짐(부하, load)으로, 자신의 드레인 캐패시터와 뒤에 연결 될 다른 게이트의 게이트 캐패시턴스(capacitance, 캐패시터의 용량)의 합이다. 게이트 전압 V_G가 3.3볼트이면 PMOS는 $V_{GS} = V_G - V_S = 3.3V - 3.3V = 0V$이고, 이것은 문턱 전압 V_{TP}, -0.6볼트보다 크므로 PMOS 는 오프 되어 스위치가 닫혀서 전류가 흐르지 않는다. 그림 9.2에서 처럼 입력이 0볼트이면 $V_{GS} = V_G - V_S = 3.3V$로 여전히 V_{TP}보다 높으므 로 역시 오프이다. 즉 입력이 하이든 로우든 전달되지 않는다.

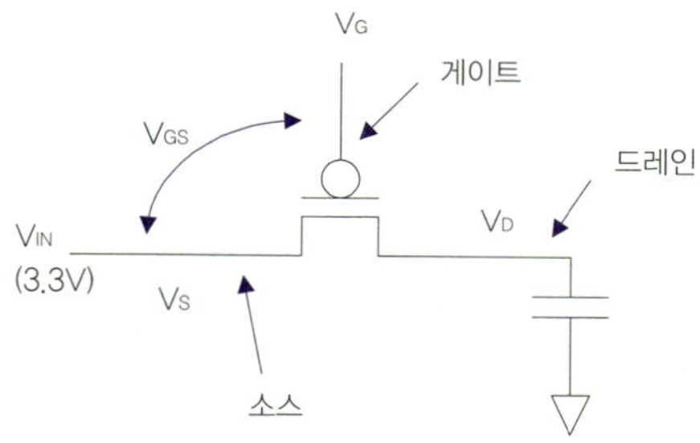

그림 9.1 PMOS 스위치

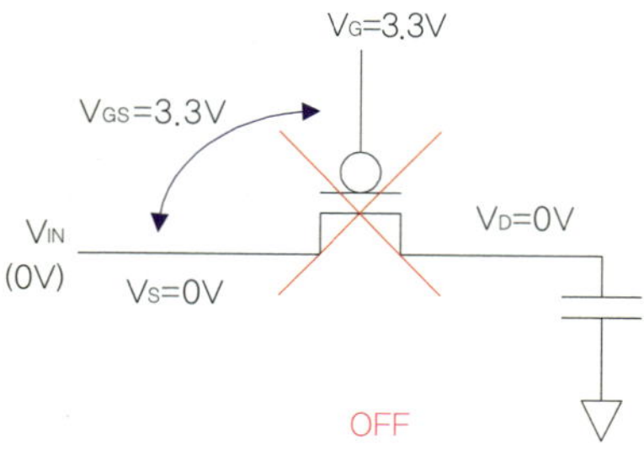

그림 9.2 PMOS 오프($V_{GS} > V_{TP}$)

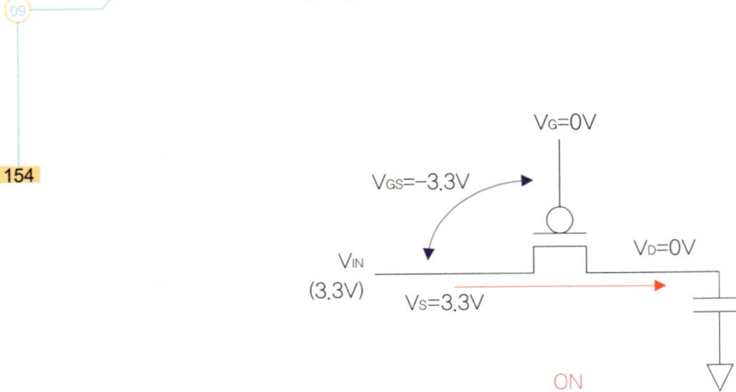

그림 9.3 PMOS 온($V_{GS} < V_{TP}$)

이번에는 그림 9.3에서와 같이 게이트에 VSS, 0볼트가 걸리면 $V_{GS} = V_G - V_S = -3.3V$가 되어 V_{TP}, -0.6볼트보다 낮아 PMOS는 온 되어 입력단(V_{in}), 소스로부터 드레인 쪽으로 전류가 흐르게 된다. 캐 패시터는 전하의 저수지와 같다. 전류는 전하의 흐름이므로, 소스에 서 드레인으로 전류가 흘러 캐피시터에 전하가 쌓이게 된다. 저수지 에 물이 흘러 들어오면 수위가 높아지고 저수지의 수위는 전압에 해 당한다. 전류가 소스에서 드레인 쪽으로 흘러 캐패시터의 전압이 점 차 올라가게 된다. 결국 캐패시터의 전압은 VDD, 3.3볼트까지 올라 가게 된다. 즉 입력(V_{in})이 전달된다.

디지털 로직에서 사용하는 전압은 VDD와 VSS라 했다. VDD는 '1' 혹은 '하이'로 표시한다고 하였으므로 그림 9.2와 9.3의 현상을 논 리적으로 간단하게 설명하면 다음과 같다.

PMOS는 게이트에 '1' 즉, 하이가 걸리면 오프 된다.
반대로 게이트에 '0' 즉, 로우가 걸리면 온 된다.

디지털 로직에서는 PMOS에 대해 이것만 기억하면 되지만, CMOS의 원리를 알기 위해서 잠시 아날로그적으로 생각해 보자. 그림 9.3에서처럼 PMOS가 온 되어 캐패시터의 전압이 점차 올라가 VDD까지 올라가게 되면 소스와 드레인 간의 전압 $V_{DS} = V_D - V_S = 0V$ 즉, 소스와 드레인 간에 전압 차이가 없어 전류가 흐르지 않는다. 스위치는 열린 상태지만 전류는 흐르지 않는다. 저수지에 물이 흘러 들어오는 입구를 막지 않아도 저수지의 수위가 높아져 냇물 수위와 같아지면 물이 흐르지 않는 것과 마찬가지 이치다.

이번에는 캐패시터가 VDD까지 충전된 상태에서 입력이 0볼트가 들어온다고 생각해 보자. PMOS에선 전압이 높은 쪽이 소스가 된다고 했으니, 이번에는 캐패시터가 달린 쪽이 소스가 된다. 이 때 $V_{GS} = V_G - V_S = -3.3V$가 되어 문턱 전압 −0.6볼트보다 작으므로 PMOS는 온 된다. 저수지의 수문이 열린 것과 마찬가지다. 물은 수문에서 떨어져 하류로 흘러갈 것이다. 따라서 그림 9.4에서처럼 캐패시터에 충전된 전하들이 드레인 쪽으로 흘러나간다. 이를 캐패시

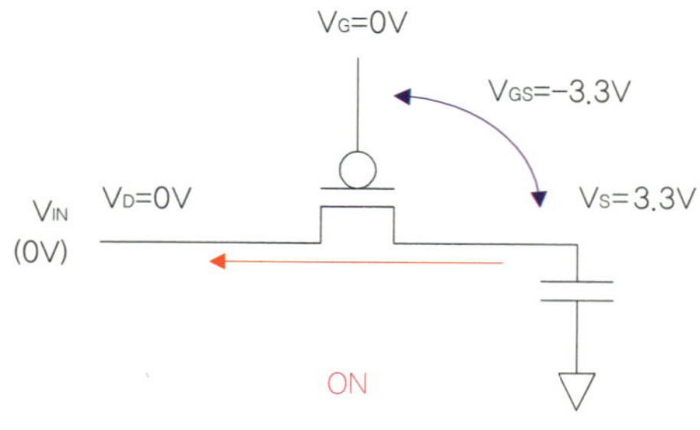

그림 9.4 PMOS의 하이 값 전달

터의 방전이라고 한다. 저수지의 수문을 열어 물이 방류되면 저수지의 수위는 점차 낮아질 것이다. 마찬가지로 캐패시터의 전하들이 방전됨에 따라 캐패시터의 전압 즉, PMOS의 소스 쪽 전압이 점차 낮아진다.

그림 9.5에서처럼 소스 전압이 3.3볼트에서 0.6볼트까지 낮아졌다고 생각해 보자. 그러면 $V_{GS} = V_G - V_S = -0.6V$가 되어 PMOS의 V_{TP}가 된다. 즉 PMOS가 오프 되기 시작한 것이다. 문턱 전압은 온 상태에서 오프 상태로 변화할 때는 오프 되기 시작하는 전압이고, 오프 상태에서 온 상태로 변화할 때는 온 되기 시작하는 전압이라 했다. 따라서 PMOS는 입력 로우 값을 완전히 0볼트까지 전달시키지 못하고 0볼트 부근까지만 전달시킬 수 있다. 이 때문에 PMOS는 로우 값을 전달하는 데 취약하다. 물론 0.6볼트도 하이인 3.3볼트보다는 상

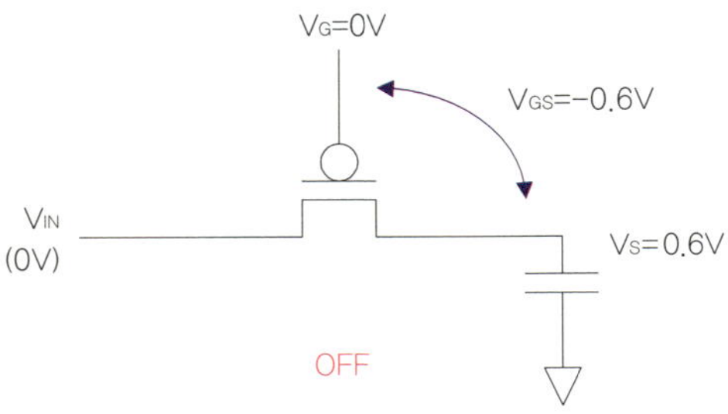

그림 9.5 PMOS의 로우 값 전달

입 력	출 력
하이(H, 1)	하이(H, 1)
로우(L, 0)	약한 로우(l, 0)
표 9.1 PMOS 스위치의 전달 특성	

대적으로 많이 낮아 로우로 인식하므로 로우를 전달하기는 한 것이다. 표 9.1에서는 PMOS 스위치의 전기적 특성을 요약했다.

하이 값은 제대로 전달하기에 대문자 'H'로, 로우 값은 약한 (weak) 로우 값을 전달하기에 소문자 'l'로 표기했다.

엔모스 스위치

그림 9.6처럼 NMOS 스위치에 3.3볼트가 입력으로 들어왔다면, NMOS에서는 전압이 높은 쪽이 드레인이므로 입력 쪽이 드레인이 되고 캐패시터가 달린 쪽이 소스가 된다. 이 때 게이트에 VDD, 3.3 볼트가 걸리고 소스 쪽이 0볼트였다면, $V_{GS} = V_G - V_S = 3.3V - 0V = 3.3V$이다. 이는 NMOS의 문턱 전압 V_{TN}, 0.6볼트보다 높으므로 NMOS는 온 된다(표 5.1과 그림 9.7 참조).

그런데 입력 전압 V_{in}, 3.3볼트가 스위치를 통해 전달되면 캐패시터의 전압이 점차 올라가게 된다. 캐패시터의 전압이 그림 9.8처럼

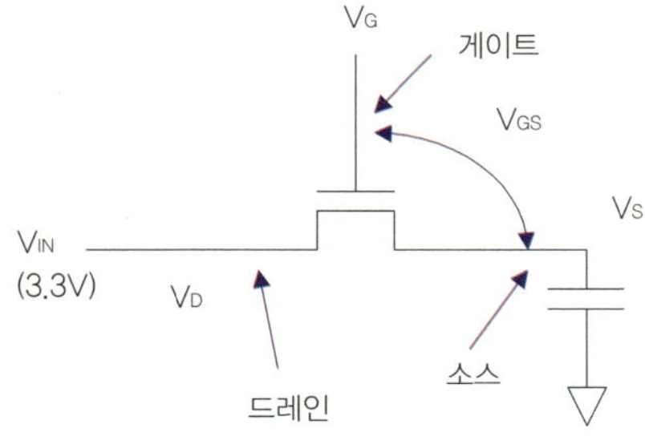

그림 9.6 NMOS 스위치

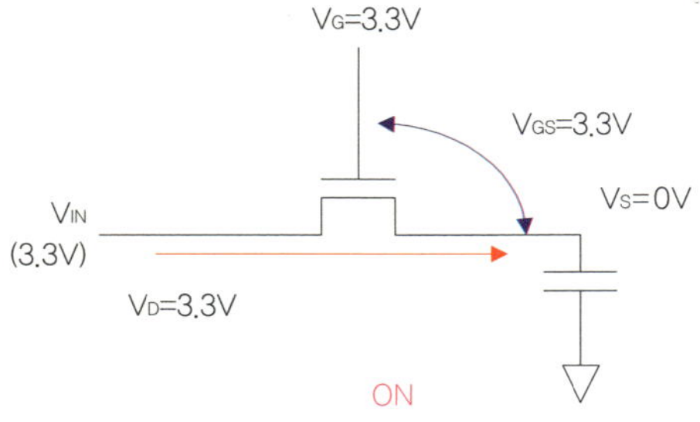

그림 **9.7** NMOS 온 ($V_{GS} > V_{TN}$)

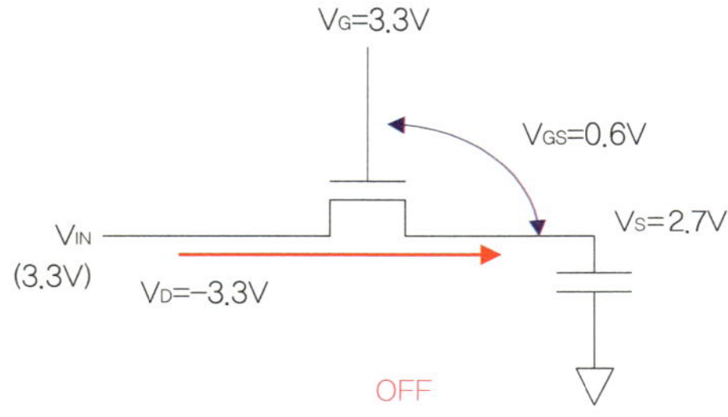

그림 **9.8** NMOS의 하이 전달(약한 하이)

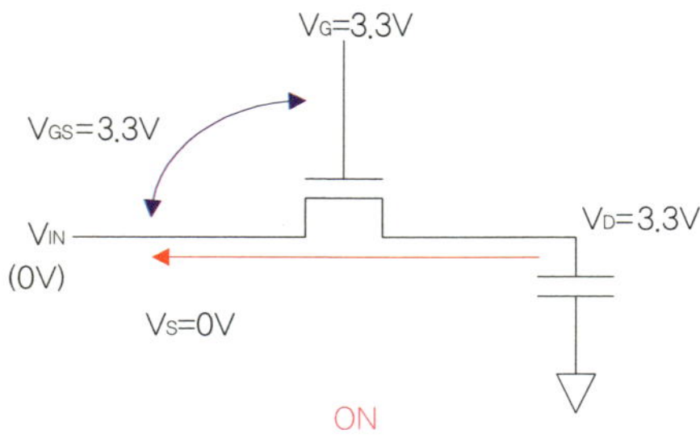

그림 **9.9** NMOS의 로우 전달

2.7볼트까지 충전되면 $V_{GS} = V_G - V_S = 3.3V - 2.7V = 0.6V$가 되어 오프 되기 시작한다. 즉 NMOS는 2.7볼트보다 높은 전압의 하이 값을 전달하는 데 취약하다. 하이 값을 VDD, 3.3볼트까지 전달하지 못하

고 VDD보다 V_{TN}만큼 낮은 2.7볼트 전압까지 전달시킬 수 있다.

그림 9.9처럼 입력이 0볼트면 어떻게 될까? 이번에는 입력 쪽이 전압이 낮으므로 소스가 된다. $V_{GS}=V_G-V_S=3.3V$는 V_{TN}, 0.6볼트보다 높으므로 NMOS는 온 되어 캐패시터에 충전된 전하들이 입력 쪽으로 방전되어 입력 로우 값이 전달된다. 캐패시터의 값이 0.6볼트 혹은 0볼트까지 방전되어도 $V_{GS}=V_G-V_S=3.3V$로 여전히 NMOS는 온 되어 0볼트까지 모두 방전시킬 수 있다. 즉 NMOS는 하이를 전달하는 데는 취약하지만, 로우 값은 잘 전달시킨다.

NMOS는 언제 오프 될까? 그림 9.10과 같이 게이트에 0볼트가 걸릴 때이다. 그림 9.10과 같은 경우 $V_{GS}=V_G-V_S=0V-0V=0V$이다. 즉 V_{TN}, 0.6볼트보다 낮으므로 NMOS는 오프 된다. 입력이 VDD, 3.3볼트면 온 되지 않을까? 그 경우에는 $V_{GS}=V_G-V_S=0V-3.3V=-3.3V$ 가 되어 오히려 더 깊은 오프 상태로 들어간다.

표 9.2에서 NMOS 스위치의 전기적 특성을 정리했다. NMOS에서는 PMOS와 반대로 하이 값을 전달하는 데 취약하므로 소문자 'h'

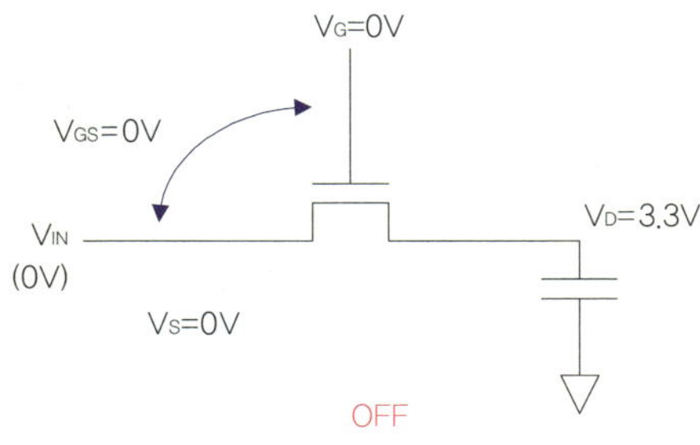

그림 9.10 NMOS의 오프

입력	출력
하이(H, 1)	약한 하이(h, 1)
로우(L, 0)	로우(L, 0)

표 9.2 NMOS 스위치의 전달 특성

를 쓰고, 로우 값은 잘 전달하므로 대문자 'L'로 표기했다.

역시 디지털 로직에서는 VDD, VSS만 사용하므로 굳이 V_{GS}를 따질 필요 없이 다음과 같이 기억하면 된다.

> NMOS는 게이트에 '1' 즉, 하이가 걸리면 온 된다.
> 반대로 게이트에 '0' 즉, 로우가 걸리면 오프 된다.

반도체에 웬 미션?

요즘은 대부분의 성인들이 자동차를 가지고 있다. 개인적으로는 자동차 운전을 싫어하기에 가급적 운전을 하지 않는다. 운전을 하든 안 하든 일단 차가 있으면 돈이 들어가는 곳이 두 군데 있다. 하나는 보험이고, 다른 하나는 수리비다. 자동차 수리비에서 가장 비싼 것은 무엇인가? 엔진에 이상이 있을 때는 보통 폐차시키니, 수리비로 들어가는 것은 기껏해야 팬 벨트, 점화 플러그 정도다. 그러나 미션이 나가면 교체비가 만만하지 않다.

그러면 미션이란 무엇인가? 정확한 말은 트랜스미션(transmission)이다. 이 트랜스미션의 역할은 무엇인가? 엔진의 구동

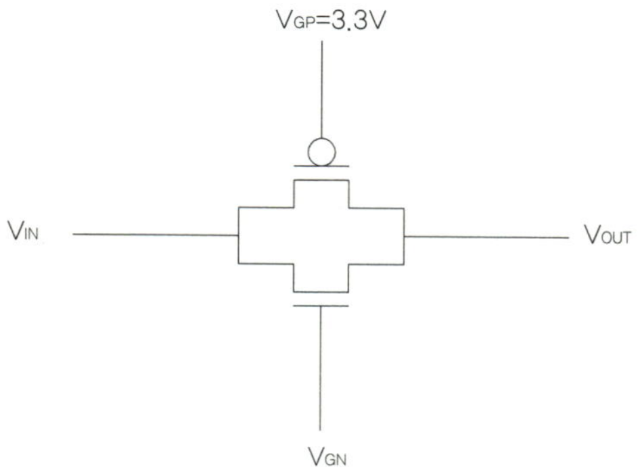

그림 **9.11** CMOS 트랜스미션 게이트

력을 바퀴에 전달시키는 역할을 한다. 여기서 설명할 트랜스미션 게이트(transmission gate)도 마찬가지다. 입력을 그대로 전달시켜 주는 것이다. 앞에서 언급한 스위치와 같다. 단 앞에서 언급한 PMOS 스위치, NMOS 스위치는 약점이 있는데 이것을 보강한 것이 바로 트랜스미션이다.

그림 9.11과 같이 PMOS와 NMOS를 마주 보게 연결한 것이 CMOS 트랜스미션 게이트다. PMOS 공정에서는 PMOS만을, NMOS 공정에서는 NMOS만을 사용하므로 그림 9.11과 같은 회로는 설계할 수 없다. PMOS 공정과 NMOS 공정에서 각각의 스위치의 약점을 알면서도 사용할 수밖에 없었다. 그러나 CMOS에서는 PMOS와 NMOS 모두를 사용할 수 있다.

그림 9.12와 같이 트랜스미션 게이트의 PMOS 쪽에 VDD, 3.3볼트가 걸리고, NMOS 쪽에 VSS, 0볼트가 걸리면, PMOS에 1, NMOS에 0이 걸렸으므로 PMOS, NMOS 모두 오프다. 따라서 트랜스미션

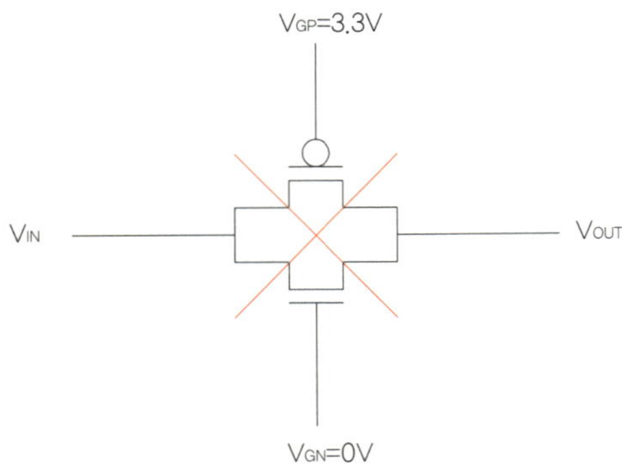

그림 9.12 CMOS 트랜스미션 게이트의 오프 상태

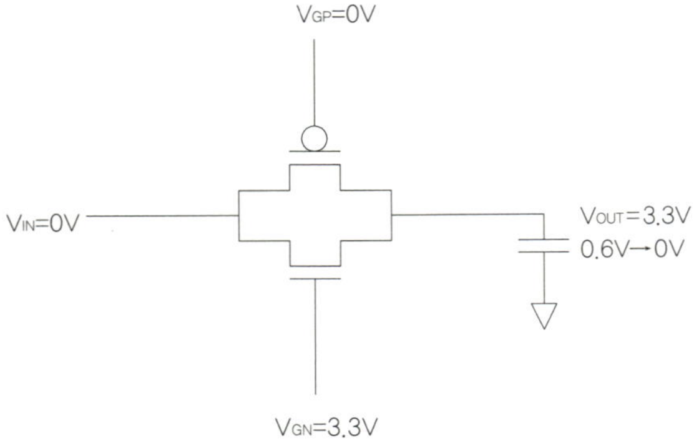

그림 9.13 CMOS 트랜스미션 게이트의 온 상태(로우 전달)

게이트는 오프 되어 입력이 출력단에 전달되지 않는다. 그러나 그림 9.13과 같이 PMOS에 0볼트, NMOS에 3.3볼트가 걸리면 PMOS에 0, NMOS에 1이 걸렸으므로 둘 다 온 된다. 이 때 출력단의 캐패시터가 3.3볼트로 충전되어 있었다면, PMOS의 입장에서는 출력단이 소스가 되고, NMOS 입장에서는 입력단이 소스가 된다. 그리고 PMOS와 NMOS를 통해 입력단으로 방전될 것이다. 그런데 캐패시터의 전압

이 0.6볼트가 되면 PMOS의 $V_{GS} = V_G - V_S = 0V - 0.6V = -0.6V$ 즉, PMOS의 문턱 전압 V_{TP}가 되어 PMOS는 오프 된다. 하지만 NMOS는 $V_{GS} = V_G - V_S = 3.3V - 0V = 3.3V$이므로 여전히 온 되어 있다.

즉 출력단 캐패시터의 전압이 3.3볼트에서 0.6볼트로 떨어질 때까지는 PMOS와 NMOS 모두 온 되어 캐패시터의 방전을 가능하게 하지만, 캐패시터의 전압이 0.6볼트 이하로 떨어지면 PMOS의 V_{GS}가 V_{TP}, -0.6볼트보다 높아져서 PMOS는 오프 되고 NMOS는 온 되어 NMOS의 역할만으로 캐패시터의 방전을 계속 가능케 하여 캐패시터의 전압이 0볼트까지 완전히 떨어지게 한다.

로직 하이가 전달될 때는 그림 9.14와 같다. 출력단 V_{OUT}이 0볼트에서 2.7볼트가 될 때까지는 PMOS와 NMOS 양쪽을 통하여 전달되지만, 출력단이 2.7볼트가 되면 NMOS의 V_{GS}가 V_{TN}, 0.6볼트가 되어 NMOS는 오프 되고 PMOS만을 통하여 3.3볼트까지 올라가게 된다.

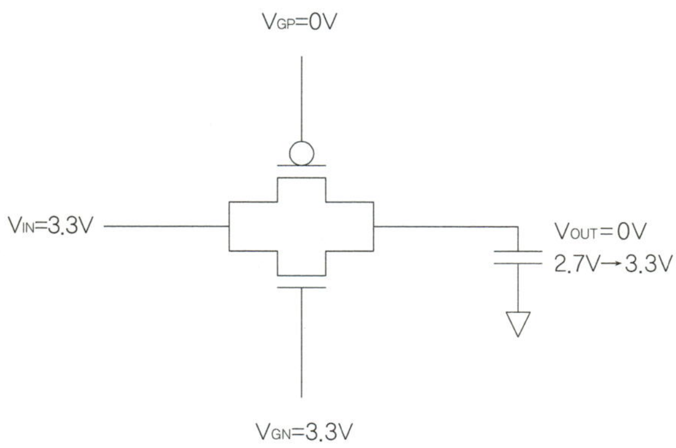

그림 9.14 CMOS 트랜스미션 게이트의 온 상태(하이 전달)

MOS에서 드레인, 게이트, 소스, 벌크할 때 게이트라는 단자가 있다. 이것은 MOS의 한 단자이고, 여기서 말하는 게이트는 어떤 기본적인 논리 기능을 하는 기본 회로를 말한다.

논리 연산

진도를 더 나가기 전에 논리 연산에 대하여 알아보자. 중고등학교 수학에서 나오는 내용인데 잠시 기억을 더듬어 보자. 논리에서 '참(true, T)'은 '1', '거짓(false, F)'는 '0'으로 나타낸다. 논리 연산이란 이 참과 거짓을 가지고 수학처럼 연산하는 것을 말한다.

논리곱(AND)

논리곱이란 표 9.3과 같이 A, B 두 개의 조건이 있을 경우, 둘 다 참일 때만 결과가 참이 되는 연산이다. 우리말의 '그리고'에 해당한다. 즉 A도 참이고 B도 참일 때만 참이 되는 연산이다.

A	B	Z
0	0	0
0	1	0
1	0	0
1	1	1

표 9.3 논리곱의 진리표

표를 보면 마치 수학에서 곱하기와 같은 결과를 가져오는 것을 알 수 있다. 즉 수학에서 $0 \times 0 = 0$, $0 \times 1 = 0$, $1 \times 0 = 0$, $1 \times 1 = 1$과 같다. 그래서 이를 수학의 곱하기에 비유하여 논리곱(AND)이라고 하며 표 9.3과 같은 표를 진리표(truth table)라 한다. 예를 들어 Z는 '우산을 가져 간다'라고 하고, A는 '비가 온다', B는 '우산이 있다'라고 하면 표 9.4와 같이 '비가 오고, 우산이 있으면' '우산을 가져 간다'라는 결과를 얻게 되는 것이다.

비가 온다	우산이 있다	우산을 가져 간다
0	0	0
0	1	0
1	0	0
1	1	1

표 9.4 논리곱의 예

즉 '비가 온다'가 참이라도 '우산이 있다'가 거짓이면 '우산을 가져 간다'는 거짓이 된다. 비가 오더라도 우산이 없으면 우산을 가져 갈 수 없으니….

논리곱은 '·'로 표시하는데 보통은 생략한다. 즉 표 9.3과 같은 연산은 $Z = A \cdot B$ 혹은 수학에서 곱셈기호 '×'를 생략하듯이 $Z = AB$라고 표시한다. 물론 조건이 두 개보다 많아도 된다. 만약 네 개의 조건이 있다면, $Z = ABCD$라고 표시한다.

논리합(OR)

표 9.5와 같이 우리말의 '이거나'에 해당하는 연산이다. 즉 A나 B 둘

중에 하나라도 참이면 참이 된다. 이는 마치 수학의 더하기와 비슷하다. $0+0=0$, $0+1=1$, $1+0=1$. 단지 수학에서는 $1+1=2$인데, 여기선 '1+1은 0이 아니다'가 된다. 그래서 '+'로 표시한다.

A	B	Z
0	0	0
0	1	1
1	0	1
1	1	1

표 9.5 논리합의 진리표

표 9.5와 같은 경우는 $Z=A+B$라고 한다. 물론 조건이 두 개 이상이어도 무방하다. 조건이 세 개의 경우라면 $Z=A+B+C$가 된다.

부정(NOT)

표 9.6과 같은 연산을 한다. 즉 입력의 반대되는 결과를 가져오는 연산이다. 표기는 '~'로 한다. 표 9.6의 경우는 $Z=\sim A$로 표시한다.

A	Z
0	1
1	0

표 9.6 부정의 진리표

'~가 아니고' 대문

논리 연산의 부정(NOT)의 연산을 하는 논리 회로(logic gate)를 낫 게

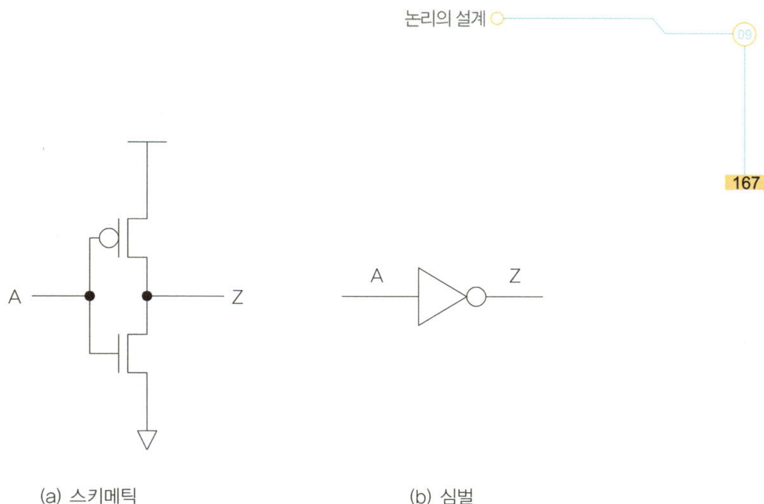

(a) 스키메틱   (b) 심벌

그림 9.15 인버터

이트(not gate) 혹은 인버터(inverter)라 한다. 그림 9.15 (a)와 같은 회로로 되어 있으며, (b)는 그 심벌(symbol)이다. 9.15 (a)와 같은 회로도를 스키메틱(schematic)이라 한다. 스키메틱은 자기보다 하위 레벨(level)들의 회로를 심벌들로 바꾸어서 나타내고 A는 입력, Z는 출력을 말한다.

그림 9.15 (a)에서 PMOS, NMOS, VDD, VSS가 기호로 표시되어 있다. 이 인버터를 상위 레벨의 회로에서 불러다 사용할 때는 (b)와 같은 심벌을 사용하여 새로운 스키메틱을 그린다. 이 스키메틱은 눈으로 보기에는 편하지만, 컴퓨터의 입력으로 사용하기에는 문자(text)로 표시하는 것이 여러 모로 편하다. 스키메틱을 문자로 표시한 것을 네트리스트(netlist)라 한다. 네트리스트는 사용하는 툴(tool, software)에 따라 달라지는데, 보편적으로 많이 사용되는 Hspice 형식에서는 다음과 같이 나타낸다.

```
1:  mp01    Z    A    VDD    VDD    PMOS  w= 5u  l= 0.25u
2:  mn01    Z    A    VSS    VSS    NMOS  w= 3u  l= 0.25u
```

위에서 문장 처음의 'm'으로 시작하는 소자는 MOS를 의미한다. 줄 1을 해석하면 드레인, 게이트, 소스, 벌크가 각각 Z, A, VDD, VDD에 연결된 폭이 5마이크로미터, 길이가 0.25마이크로미터인 PMOS라는 의미다. 줄 2는 드레인, 게이트, 소스, 벌크가 각각 Z, A, VSS, VSS에 연결되고 폭이 3마이크로미터, 길이가 0.25마이크로미터인 NMOS라는 의미다. Hspice에서 길이의 단위는 m이므로 u만 사용했다.

그림 9.16 (a)는 입력이 0이 들어올 때이다. 입력이 0이므로 PMOS 게이트에 0이 걸리므로 PMOS는 온 되고, NMOS 게이트에도 0이 들어오므로 NMOS는 오프 된다. NMOS가 오프 되었으므로 접지 VSS로 가는 패스(path)가 끊겼고, PMOS가 온 되어 VDD에서

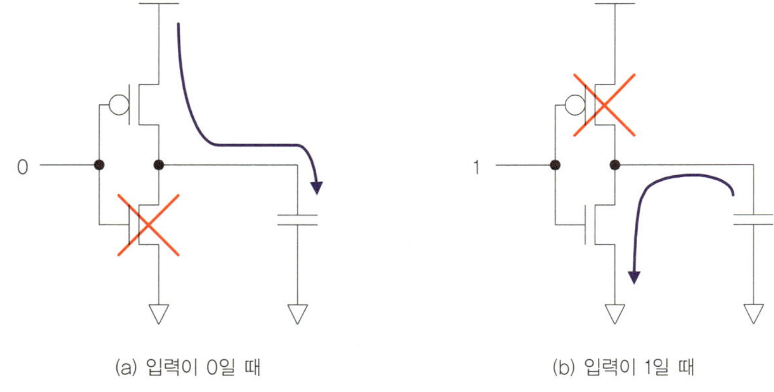

(a) 입력이 0일 때   (b) 입력이 1일 때

그림 9.16 인버터의 동작

들어오는 패스가 열리게 된다. VDD 쪽에서 전류가 흘러 들어와 출력에 달린 캐패시터를 충전시켜서 1로 만든다. 그림 9.16 (b)는 반대로 입력이 1일 때이다. 이 때는 PMOS가 오프 되고 NMOS가 온 되어 캐패시터가 NMOS를 통하여 VSS 쪽으로 방전하게 되어 출력단 Z가 0이 된다.

이것을 진리표로 만들면 표 9.7과 같이 되는데 이것은 표 9.6과 동일하다. 즉 인버터는 논리에서 부정(NOT)에 해당한다.

A	Z
0	1
1	0

표 9.7 인버터의 진리표

'∼이고의 반대' 대문

그림 9.17과 같이 생긴 회로를 낸드 게이트(NAND gate)라고 한다. 입력은 A, B이고 출력은 Z가 된다. 이 낸드 게이트의 네트리스트는 다음과 같다. 물론 여기서 MOS의 폭과 길이는 임의로 서술한 것이다. 두 개의 NMOS가 연결된 노드를 w라 하면,

```
1:  mp01    Z    A    VDD    VDD    PMOS  w= 5u  l= 0.25u
2:  mp02    Z    B    VDD    VDD    PMOS  w= 5u  l= 0.25u
3:  mn01    Z    A    w      VSS    NMOS  w= 3u  l= 0.25u
4:  mn02    w    B    VSS    VSS    NMOS  w= 3u  l= 0.25u
```

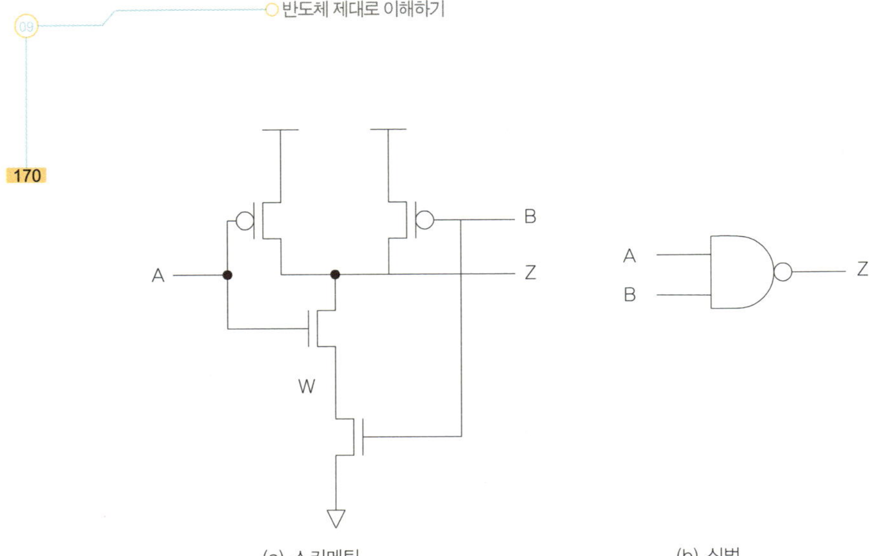

(a) 스키메틱　　　　　　　　　　(b) 심벌

그림 9.17 낸드 게이트

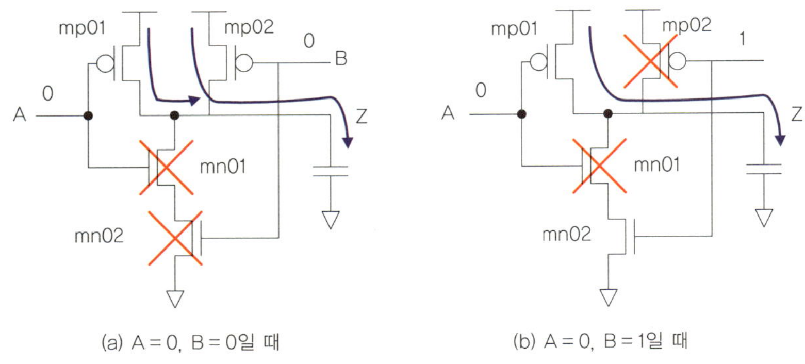

(a) A = 0, B = 0일 때　　　　　　(b) A = 0, B = 1일 때

그림 9.18 낸드 게이트의 동작(1)

그림 9.18에서 낸드 게이트의 동작을 살펴보면 그림 9.18 (a)는 입력 A, B가 모두 0일 때이다. 입력이 모두 0이므로 PMOS 두 개는 모두 온 되고, NMOS 는 모두 오프 되어 VDD로부터 전류가 흘러 출력 Z의 캐패시터를 충전시켜 1로 된다. (b)는 A = 0, B = 1일 때이다.

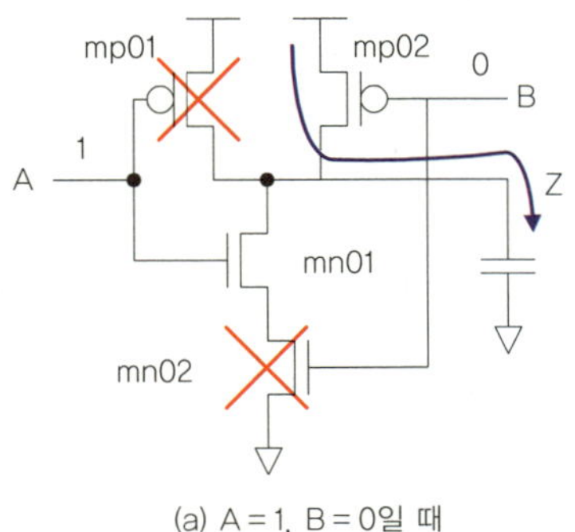

(a) A = 1, B = 0일 때

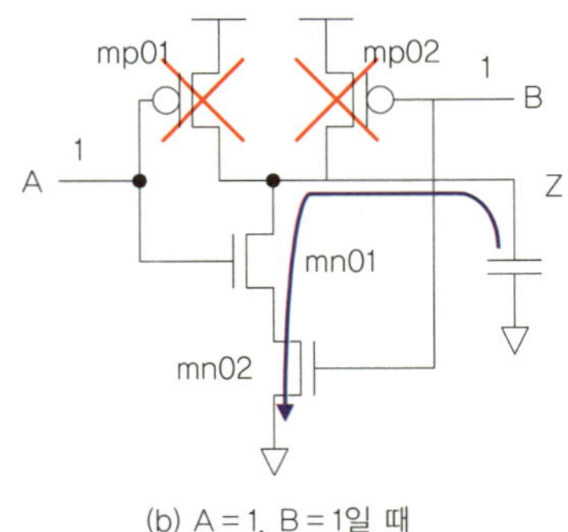

(b) A = 1, B = 1일 때

그림 9.19 낸드 게이트의 동작(2)

mn02가 온 되었어도 mn01이 오프 되어 VSS에는 연결되지 않는다. VDD 쪽은 mp02는 오프 되었으나, mp01이 온 되어 있어서 mp01을 통해 VDD의 전류가 Z에 달린 캐패시터를 충전시켜 출력을 1로 만든다.

그림 9.19 (a)에서 mn01은 온 되었지만 mn02가 오프 되어 있어서 VSS 패스는 끊어져 있다. VDD 패스는 mp01은 오프 되었지만 mp02가 온 되어서 mp02를 통하여 VDD가 출력되어 캐패시터를 충전시켜 1을 출력시키게 된다. 그림 9.19 (b)는 A, B 둘 다 1인 경우인데, 입력이 1이므로 PMOS mp01, mp02 둘 다 오프 되어 VDD 패스가 끊어지고, NMOS mn01, mn02 둘 다 온 되어 VSS 패스가 연결된다. 출력단 Z에 달린 캐패시터는 mn01, mn02를 통해 방전되어 출력은 0이 된다.

여기서 그림 9.18 (a), (b), 9.19 (a)에서처럼 출력이 1일 때 전류는 언제까지 흐를까? VDD가 3.3볼트라면 PMOS는 표 9.1에서 설명했듯이 하이 값은 줄어들지 않고 잘 전달되므로 캐패시터를 3.3볼트까지 충전시킬 수 있다. 캐패시터가 다 충전이 되고 나면 VDD 전압이나 출력 Z의 전압이 같으므로 더 이상 전류가 흐르지 않는다. 즉 출력단에 연결된 캐패시터가 VDD만큼 충전된 다음에는 더 이상 전류는 흐르지 않고 전압은 VDD를 유지하고 있다.

그림 9.19 (b)와 같이 출력이 0일 때는 캐패시터에 충전된 전하들이 mn01, mn02를 통하여 VSS로 모두 방전되고 나면 출력단 Z가 0볼트가 되어 VSS와 같은 전압이 되므로 더 이상 전류의 흐름은 없고 출력은 VSS를 유지하게 된다. 즉 CMOS 로직은 상태의 변화가 있을 때만 전류가 흐르고, 어느 상태에 도달한 이후에는 더 이상 전류가 흐르지 않는다. 이런 이유로 CMOS가 전류 소모가 적은 것이다. 바이폴라 트랜지스터, PMOS 로직, NMOS 로직에서는 상태가 변할 때뿐만 아니라 상태를 유지할 때도 전류가 흘러 전류의 소모가 크다. 전류의 소모가 크다는 것은 전력 소모가 크다는 의미다.

신호의 입력은 반드시 PMOS와 NMOS 양쪽에 연결되어 있다. 그림 9.18과 9.19에서 보면 A에는 mp01, mn01이 연결되어 있고, B에는 mp02, mn02가 연결되어 있다. 이렇듯 CMOS 로직에서는 한 개의 입력에 PMOS, NMOS 각각 한 개씩 필요하며 입력의 상태에 따라 두 개 중 한 개는 온, 한 개는 오프 된다. 한 입력에 연결된 두 개의 MOS가 둘 다 온 되거나 둘 다 오프 되는 경우는 없다. 이런 이유로 상보(complementary)라는 이름이 붙은 것이다.

CMOS의 특징 가운데 또 하나는 풀 스윙(full swing, rail to rail

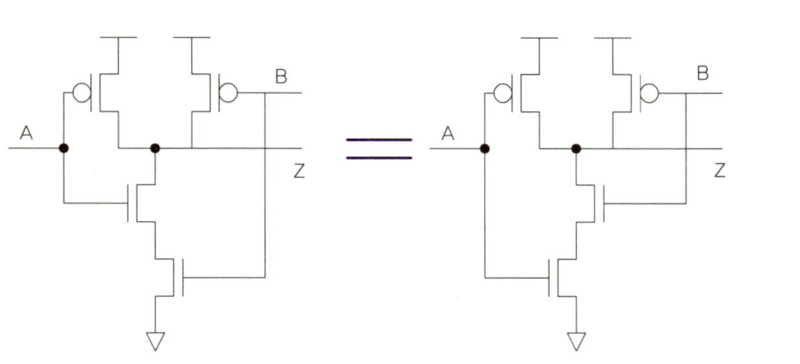

그림 9.20 동일한 2 인풋 낸드 게이트

swing)을 한다는 것이다. 표 9.1과 9.2에서 나타냈듯이 PMOS는 하이를 전달하는 데, NMOS는 로우를 전달하는 데 강점이 있다. CMOS 로직에서는 VDD 쪽에 PMOS를 VSS 쪽에 NMOS를 배치함으로써 1일 때는 VDD까지 올라가고 0일 때는 VSS까지 내려갈 수 있다.

그림 9.20에서처럼 직렬로 연결된 NMOS는 순서가 바뀌어도 상관이 없다. 2 인풋(input) 낸드(NAND) 게이트의 진리표는 표 9.8과 같다.

A	B	Z
0	0	1
0	1	1
1	0	1
1	1	0

표 9.8 2 인풋 낸드 게이트의 진리표

표 9.8을 살펴보면 9.3의 논리곱(AND)과 정반대의 출력을 나타냄을 알 수 있다. 즉 논리곱의 결과에 부정(NOT)을 한 것이다. 그래서

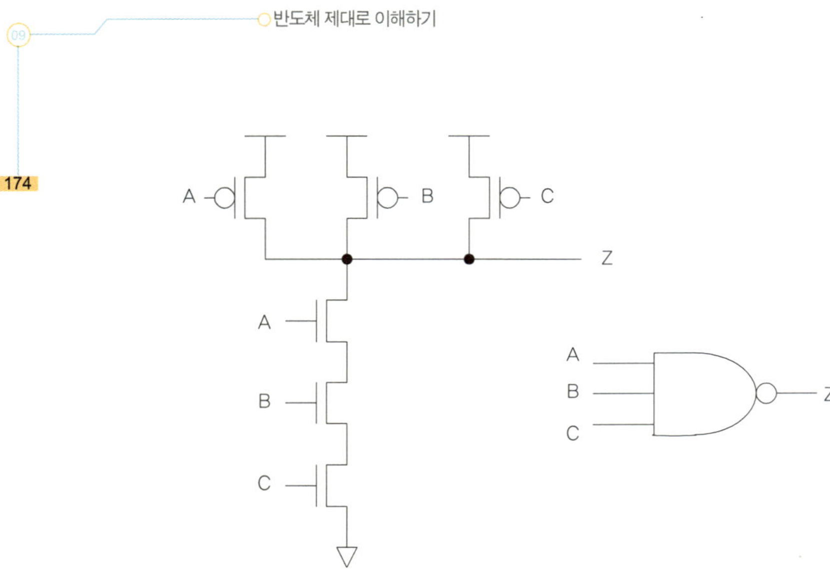

(a) 스키메틱　　　　　　　　　　　　(b) 심벌

그림 9.21 3 인풋 낸드 게이트

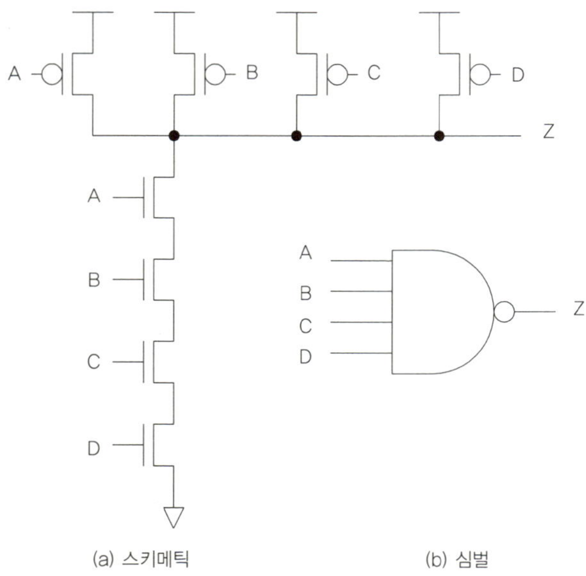

(a) 스키메틱　　　　　　　　　　　　(b) 심벌

그림 9.22 4 인풋 낸드 게이트

이름이 낸드(Not AND)라고 붙여진 것이다. 수식으로는 $Z = \sim(AB)$라고 나타낸다. 입력의 개수는 두 개보다 더 늘릴 수 있다. 3 인풋 낸드 게이트와 4 인풋 낸드 게이트를 그림 9.21과 9.22에 나타냈다. 진리표는 입력 개수에 상관없이 모든 입력이 1일 때만 출력이 0이 되고 나머지 경우에는 1이 된다.

'∼이거나의 반대' 대문

그림 9.23에 2 인풋(input) 노어(NOR) 게이트를 나타내었다. 노어 게이트의 진리표는 표 9.9와 같다. 표 9.9는 9.5의 논리합(OR)의 정반대이다. 즉 논리합을 부정(NOT)한 것이다. 그 이유로 이름이 노어(Not OR)이다.

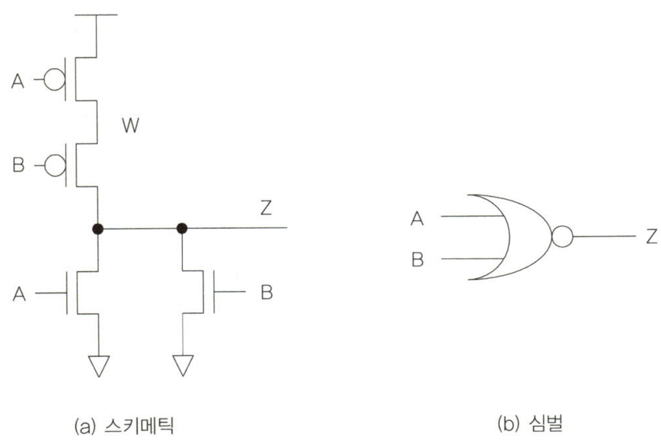

(a) 스키메틱　　　　　(b) 심벌

그림 9.23 2 인풋 노어 게이트

A	B	Z
0	0	1
0	1	0
1	0	0
1	1	0

표 9.9 2 인풋 노어 게이트의 진리표

이 노어 게이트의 네트리스트는 다음과 같이 된다.

```
1:   mp01   w   A    VDD   VDD   PMOS   w= 5u  l= 0.25u

2:   mp02   Z   B    w     VDD   PMOS   w= 5u  l= 0.25u

3:   mn01   Z   A    VSS   VSS   NMOS   w= 3u  l= 0.25u

4:   mn02   Z   B    VSS   VSS   NMOS   w= 3u  l= 0.25u
```

그림 9.24 (a)는 A = 0, B = 0일 때다. 입력이 모두 0이므로 PMOS mp01, mp02 둘 다 온 되고 NMOS mn01, mn02는 오프 되어 VSS 패스가 끊긴다. mp01, mp02를 통하여 VDD의 전압이 출력단 Z로 나와 캐패시터를 충전시키고 1이 된다. 그림 9.24 (b)는 A=0, B=1일 때인데, A=0이어서 mp01은 온 되었지만, mp02가 오프 되어 VDD 패스가 끊긴다. B=1이므로 NMOS mn02가 온 되어 캐패시터가 mn02를 통해 VSS로 방전되어 출력 Z는 0이 된다.

그림 9.25 (a)는 A = 1, B=0일 때이다. B=0이어서 mp02는 온 되지만, mp01이 오프여서 VDD 패스는 끊어진다. A=1이므로 mn01이 온 되어 캐패시터는 mn01을 통하여 방전되어 출력 Z는 0이 된

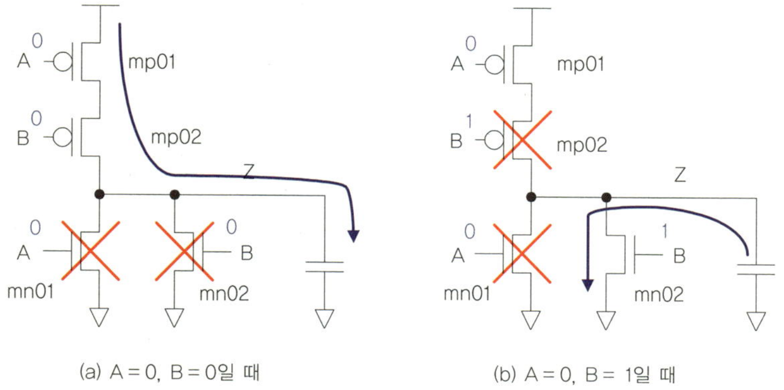

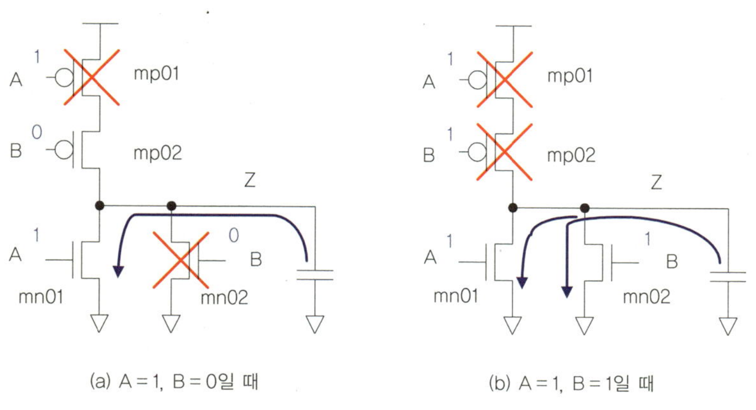

그림 9.24 노어 게이트의 동작(1)

그림 9.25 노어 게이트의 동작(2)

다. 그림 9.25 (b)는 A = 1, B = 1일 때인데, 입력이 둘 다 1이므로 PMOS mp01, mp02는 둘 다 오프 되고, NMOS mn01, mn02는 둘 다 온 되어 출력단의 캐패시터는 mn01, mn02를 통하여 방전된다. 즉 표 9.9와 같이 입력 A, B 모두 0일 때만 출력은 1이 되고, 나머지 경우에는 0이 된다. 낸드 게이트에서와 같이 직렬로 연결된 PMOS

의 순서는 상관없고(그림 9.26 참조), 입력의 개수는 2보다 커도 상관

없다(그림 9.27, 9.28 참조).

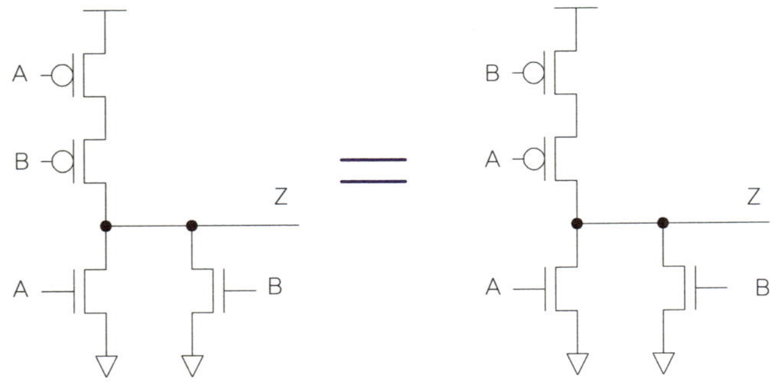

그림 9.26 동일한 2 인풋 노어 게이트

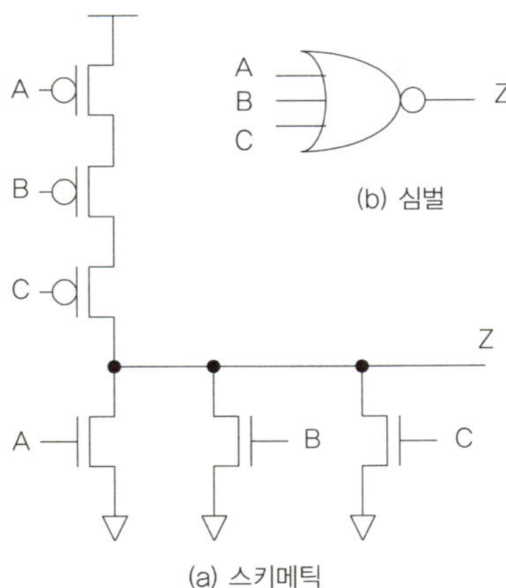

그림 9.27 3 인풋 노어 게이트

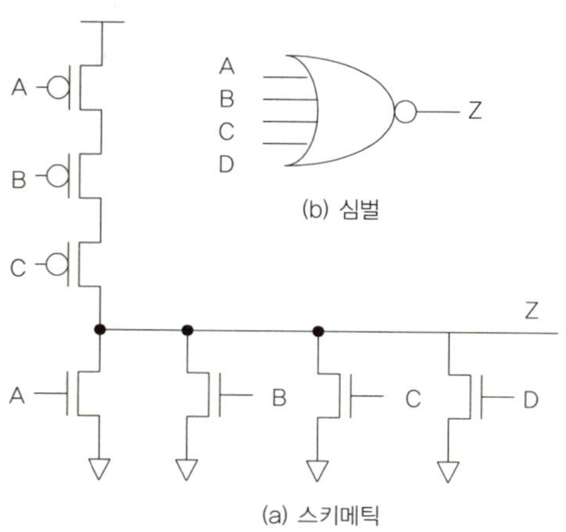

그림 9.28 4 인풋 노어 게이트

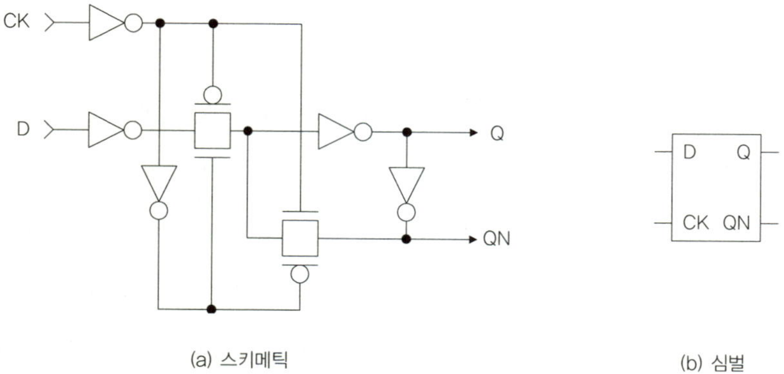

그림 9.29 D 래치

래치(빗장)

그림 9.29와 같이 인버터와 트랜스미션 게이트로 이루어진 로직 게이트를 D 래치(D latch)라 한다. 그림 9.29에서 CK는 클럭(clock)을 의미하는데 주로 CK 혹은 CLK로 표기한다. 클럭이란 그림 9.30에서처럼 일정한 주기(period)를 가지고 1과 0이 반복되는 신호이다. 출력 QN은 Q의 부정 즉, Q와 반대 값을 내보낸다는 의미다.

그림 9.30과 같은 그림을 타이밍 다이어그램(timing diagram)이라고 하는데, 신호들의 상태와 변화를 시간축 상에 나타낸 그림이다. 여기서 이벤트(event) A1은 A2를 유발시키고, A2는 이벤트 A3를 유발시킨다. 이벤트란 신호가 변화한 상태를 말한다. 즉 0에서 1 혹은 1에서 0으로 변화했을 때, 이벤트가 발생했다고 말한다. 1에서 1 혹은 0에서 0으로 지속된 것은 이벤트가 아니다.

그림 9.30과 9.31을 같이 보면서 살펴보면 그림 9.30의 Q, QN의 초기의 붉은 색은 나중에 살펴보기로 하고 CK = 1이 되는 순간부터 살펴보면 이벤트 A1이 발생하기 전에 이미 입력 D는 0이었다. 즉 인버터 G2의 출력이 1인 상태에서 트랜스미션 게이트 G4를 통과하지 못하고 그 입력단에서 대기하고 있었다. 왜냐 하면 그 때는 CK = 0이어서 트랜스미션 게이트 G4의 PMOS 쪽에 인버터 G1의 출력 1이 가해지고, G4의 NMOS 쪽에 인버터 G3의 출력 0이 가해지고 있어서 트랜스미션 게이트 G4가 오프 된 상태였기 때문에 입력 D의 신호가 인버터 G2만 통과하고 G4 앞에서 대기하고 있었다. 그런데 CK가 1로 변하면서 트랜스미션 게이트 G4가 온 되어서 신호는 인버터

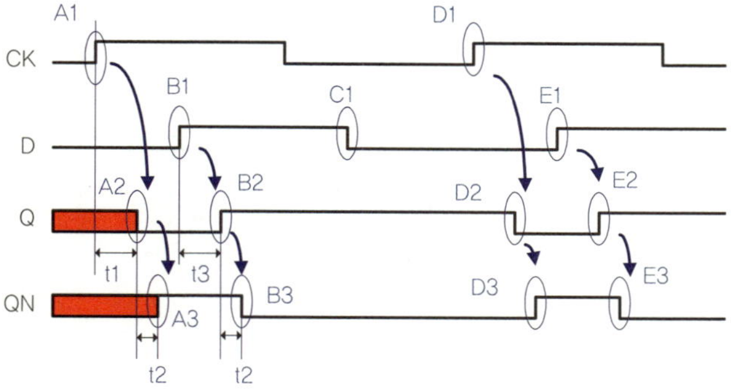

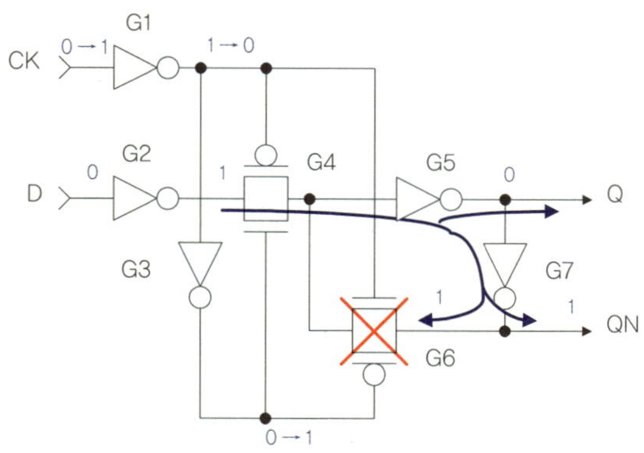

그림 9.30 D 래치의 입력 신호와 출력 신호의 타이밍 다이어그램

그림 9.31 D 래치의 동작(CK = 1일 때, A1, A2, A3)

G5, G7을 통과하여 트랜스미션 게이트 G6 앞까지 도달한다. CK = 1
일 때 G6는 오프이므로 그 앞까지만 도달하게 된다. G5, G7을 통과
하면서 출력 Q, QN을 내보낸다. 출력 Q는 CK = 1이 되는 순간부터
일정시간 즉, CK가 G1을 통과하여 G4를 온 시키는 필요한 시간에
다 신호가 G4, G5를 통과하는 데 걸리는 시간 t1만큼 지난 후에 출
력된다. 이 지연 시간을 프로퍼게이션 딜레이 타임(propagation

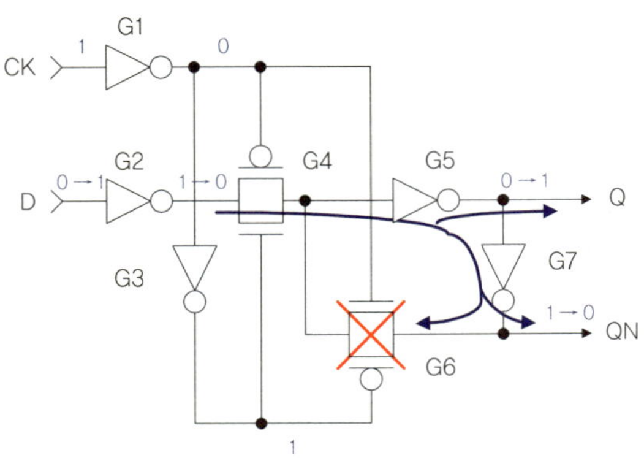

그림 9.32 D 래치의 동작(CK = 1일 때, B1, B2, B3)

delay time, 전달 지연 시간)이라고 하는데 줄여서 그냥 딜레이라고 한다. QN은 Q가 출력되고 G7을 통과하는 데 필요한 시간 t2 후에 출력된다. 즉 QN의 딜레이는 Q의 딜레이에다 t2를 더한 값이 된다.

이번에는 그림 9.30에서 이벤트 B1을 그림 9.32를 보면서 살펴보면 이벤트 B1은 CK가 1인 구간에서 발생했다. G4가 이미 온 된 상태에서 D가 변했기에 D의 신호가 G2, G4, G5를 통과하는 데 필요한 딜레이 t3 후에 Q에 출력된다. 그리고 다시 G7을 통과하는 데 필요한 시간 t2 후 QN이 출력된다.

이제까지 언급한 딜레이 타임을 수식으로 표현하면, G1의 딜레이를 tG1, G2의 딜레이를 tG2로 표시하면 다음과 같다.

$$t1 = tG1 + tG4 + tG5$$

$$t2 = tG7$$

$$t3 = tG2 + tG4 + tG5$$

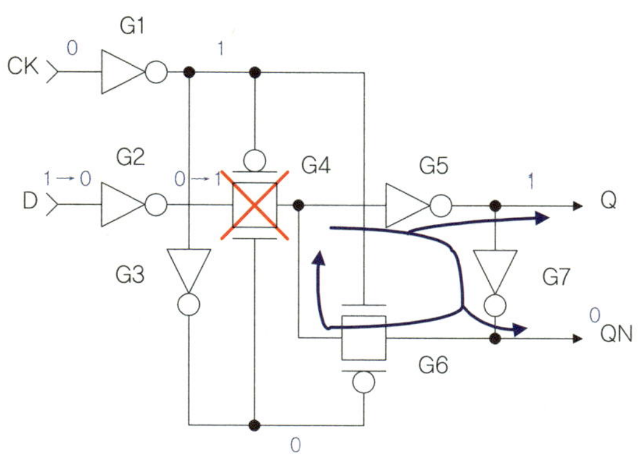

그림 9.33 D 래치의 동작(CK = 0일 때, C1)

실제로 이런 딜레이 타임은 얼마나 될까? 사용하는 공정마다 구동시키는 부하의 크기에 따라 달라지는데 게이트 하나 통과하는 데 걸리는 지연시간은 약 0.1나노초(100억 분의 1초) 정도 걸린다.

이벤트 C1은 CK가 0일 때 발생했다. CK =0이므로 트랜스미션 게이트 G4는 오프 되어 있다. 즉 D의 변화가 출력 Q, QN에 아무런 영향을 주지 못한다. 래치 내부에서는 그림 9.33에서와 같이 트랜스미션 게이트 G6가 온 되어 있어서 신호가 $G5 \rightarrow G7 \rightarrow G6 \rightarrow G5 \rightarrow G7 \cdots$ 과 같이 게이트들을 맴돌며 G4가 닫히기 직전의 신호를 유지하고 있을 뿐이다. 신호를 유지한다는 말은 기억하고 있다는 말과 같으므로 래치는 메모리 기능이 있다. 래치란 빗장을 말하는데 아마도 빗장을 걸면 더 이상 들어올 수 없는 것과 비슷해서 그런 이름이 붙었을 것이다.

이벤트 D1은 이벤트 A1과 마찬가지고, 이벤트 E1은 이벤트 B1과 마찬가지다. 그림 9.30에서 붉은 부분은 언노운(unknown) 상태를 표시하는 것이다. 언노운이란 말 그대로 알 수 없는 상태라는 소리다. 그림 9.30에서 CK는 A1에서 처음 1이 되어 그 때 처음 래치가 열려서 그 전에 래치가 무슨 값을 기억하고 있는지 알 수 없다는 뜻이다.

지금까지 D 래치의 구체적인 내부 동작을 살펴보았는데 간단히 말하면, D 래치는 래치가 열렸을 때 입력을 받아, 래치가 닫혔을 때 그 값을 유지, 기억하고 있는 회로를 말한다. 물론 래치가 닫혔을 때 들어오는 신호는 그림 9.30의 C1처럼 무시된다. D 래치의 D는 딜레이(delay)의 약자다. 그림 9.31에서 보듯이 입력 D에서 출력 Q까지는 인버터가 짝수 개 있으므로 입력 신호 값이 그저 딜레이만 생기고 그대로 출력될 뿐이다. 이런 회로가 왜 필요할까? 이런 회로는 D 래치 뒷단의 회로에 안정적인 신호를 공급해 주는 데 필요하다. 그림 9.29의 D 래치는 CK가 0인 구간에서는 출력이 변하지 않는다. 따

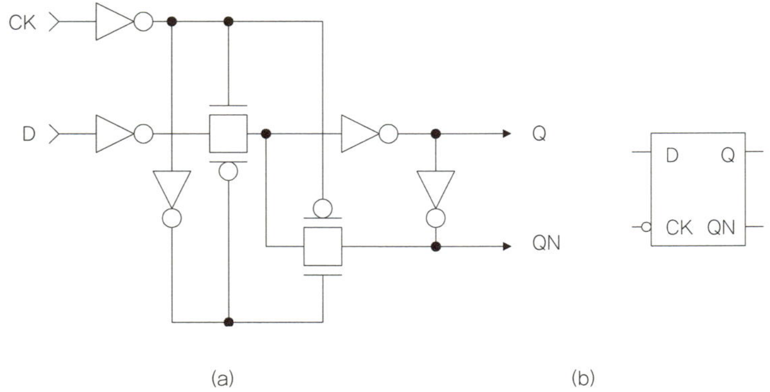

그림 9.34 로우 액티브 D 래치

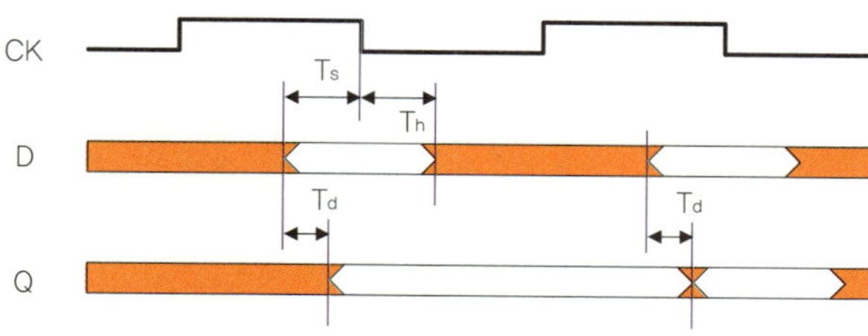

그림 9.35 하이 액티브 D 래치의 타이밍(high active D latch)

라서 뒷단의 회로는 신호가 변하지 않는다는 확신을 가지고 자신이 해야 할 일을 하면 된다.

그림 9.29는 CK가 하이일 때 열리는 D 래치이고 CK가 로우일 때 열리는 래치는 그림 9.34와 같다. 9.34 (b)에서 CK 앞에 버블(bubble)이 있는데 이것은 전자 회로에서는 NOT에 해당한다. 인버터나 낸드, 노어의 버블도 부정의 의미를 나타내는 것이다. CK가 로우에서 열린다 하여 로우 액티브(low active)라는 말을 사용한다. 그림 9.29는 하이 액티브 D 래치(high active D latch)다. 이처럼 래치는 CK의 레벨(CK가 하이냐 로우냐)에 따라 동작이 결정된다. 그래서 래치를 레벨 센서티브(level sensitive)하다고 한다.

그림 9.35에 하이 액티브 D 래치의 타이밍을 나타냈다. D 래치를 바르게 사용하려면 그림 9.35와 같이 D 래치가 닫히기 최소한 T_s 전에 입력 D가 들어와 있어야 한다. 이를 셋 업 타임(set up time)이라 한다. 들어온 입력은 래치가 닫힌 후 최소한 T_h만큼 변하지 말고 유지하고 있어야 한다. 이를 홀드 타임(hold time)이라 한다. D 래치의 출력은 딜레이 T_d 후에 나오게 된다. 그림 9.30의 타이밍 다이어그램

에서 보면, CK가 하이인 구간에서 입력 D가 변한 B1, E1 이벤트가 제대로 사용한 것이다. 출력 역시 CK가 하이인 구간에서 변하고 있다.

개구리가 폴짝 폴짝

그림 9.36과 같은 회로를 D 플립플롭(D Flip-Flop)이라 하는데 줄여서 D F/F으로 많이 표기한다. 이는 그림 9.29의 D 래치 두 개가 붙어 있는 회로다. 그 중 앞부분의 래치를 마스터(master), 뒷부분의 래치를 슬래이브(slave)라 한다.

그림 9.37은 CK가 0일 때이다. 트랜스미션 게이트 G1이 온 되어 D의 신호가 매스터 단으로 들어오기는 하지만 G3이 오프 되어 슬래

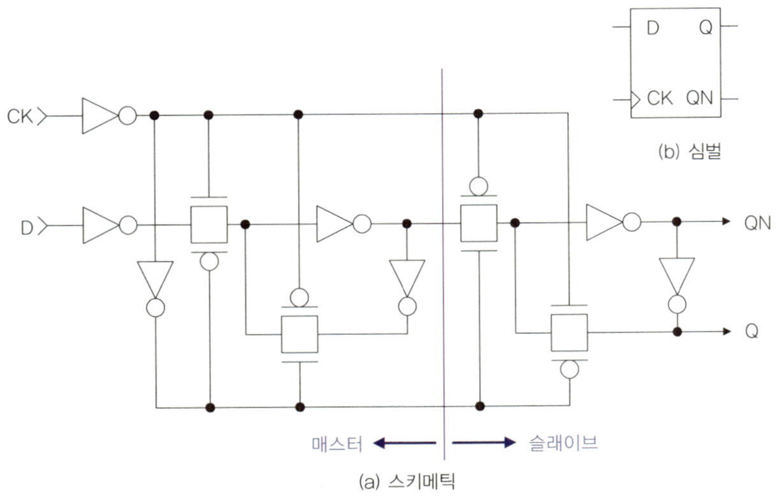

그림 9.36 D 플립플롭(D F/F)

이브 단으로는 전달되지 못한다. 한편 슬래이브 단에서는 G3이 오프 되어 매스터에서 신호를 차단한 상태로 G4가 온 되어 신호가 슬래이브 단을 맴돌면서 이전 상태의 값을 Q, QN으로 출력시키고 있다. 그러다가 CK가 1이 되면(그림 9.38) G1이 오프 되어 입력 D로부터 신호를 차단하고, G2가 온 되어 신호가 매스터 부분을 맴돌면서 바로 직전의 값을 유지하고 있다.

그런데 G3이 온 되어 매스터 회로를 맴돌며 유지하고 있는 신호가 슬래이브 단으로 전달되어 Q, QN으로 출력된다. 즉 CK가 로우일 때 들어온 D 입력이 CK가 로우에서 하이로 변화하는 순간(positive edge) 슬래이브 단의 G3이 열리면서 Q, QN으로 출력되는 것이다. 이렇게 D F/F은 CK가 로우 상태에서 하이 상태로 이동하는 순간에 값이 출력되므로 이를 엣지 센서티브(edge sensitive)하다고

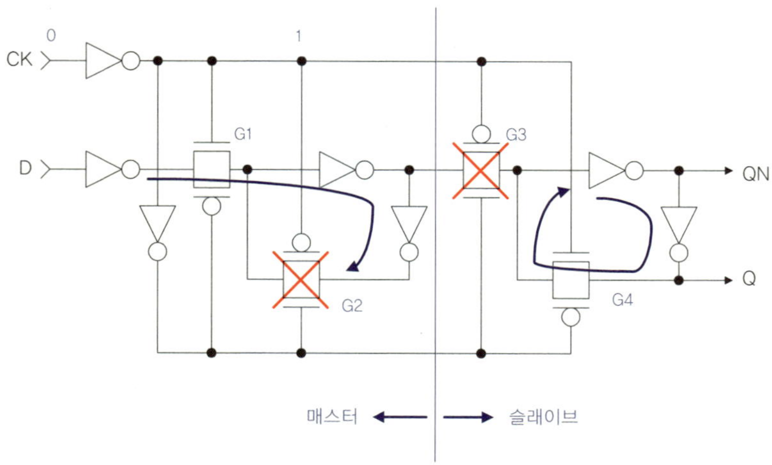

그림 9.37 D F/F의 동작(CK= 0일 때)

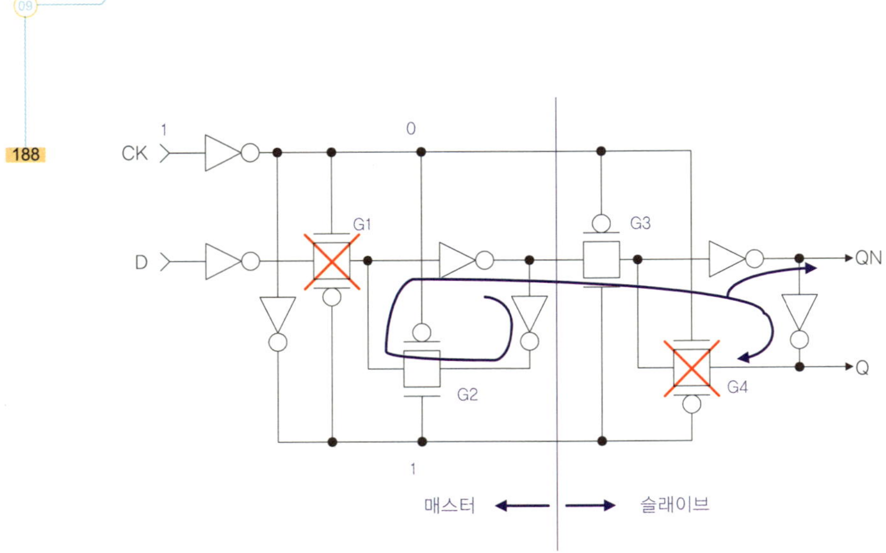

그림 9.38 D F/F의 동작(CK = 1일 때)

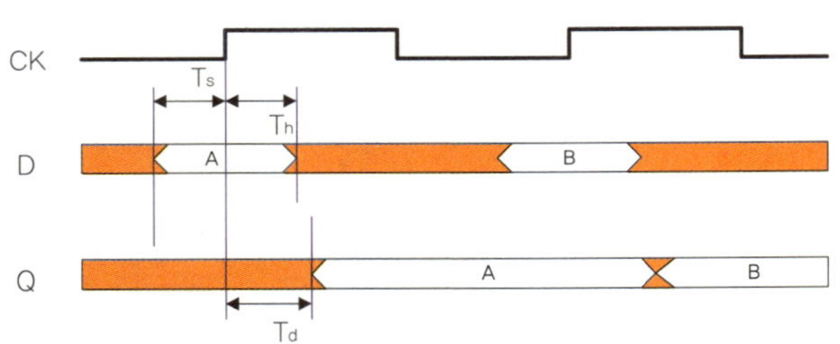

그림 9.39 D F/F의 타이밍 다이어그램

한다.

이렇게 CK가 로우에서 하이로 변할 때 출력이 되는 D F/F을 포지티브 엣지 트리거드 D F/F(positive edge triggered D F/F)이라고 한다. 그림 9.39에 포지티브 엣지 트리거드 D F/F의 올바른 타이밍을 나타냈다. CK의 포지티브 엣지보다 T_s만큼 먼저 입력 D가 도달해야 한다. 이를 셋 업 타임(set up time)이라 하고 이 입력은 또한 CK의 포지티브 엣지를 기준으로 일정 시간 T_h만큼 유지하고 있어야 한다. 이를 홀드 타임이라 한다. 출력 Q는 CK의 포지티브 엣지에서 일정 시간 T_d만큼 딜레이를 가지고 나오게 된다. 셋 업 타임과 홀드 타임은 D 래치에서와 같지만, 출력이 나오는 시점이 다르다.

그림 9.30의 D 래치에서는 입력 D가 빨리 들어오면 들어올수록 Q도 빨리 출력된다(B1, E1 참조). 그러나 그림 9.39에서는 입력 D가 아무리 빨리 들어와도 출력 Q는 클럭 CK의 포지티브 엣지를 기준으로 T_d만큼 지난 후에 나온다는 점이 다르다. 이렇게 클럭 CK의 엣지에서 동작하는 것이 마치 총에 탄환이 장전되면 발사되는 것이 아니라 장전 후 방아쇠를 당기고 나서 탄환이 나가는 것과 비슷하다 하여 엣지 트리거드(edge triggered)라는 말이 붙었다. 그림 9.36 (b)에서 CK 앞의 삼각형 표시는 엣지 트리거드를 의미하는 표시이다.

D F/F도 D 래치처럼 값을 기억한다. 그런데 사용하기가 D 래치보다 편하다. 왜냐 하면 D F/F에서는 입력이 언제 들어오느냐에 상관없이 CK의 포지티브 엣지에서 일정 딜레이 후에 출력이 나오기 때문이다. 그러나 스키메틱에서 보듯이 MOS 개수가 D 래치는 열네 개가 필요한데 반해 스물두 개가 소요되어 거의 1. 6배 정도 많이 필요한 단점이 있다(인버터와 트랜스미션 게이트의 스키메틱을 보면 각각 PMOS 한 개, NMOS 한 개 모두 두 개의 MOS가 필요하므로). 그만큼 실리콘의 면적을 많이 차지한다는 의미다. D F/F의 D도 딜레이의 약자다. 입력 D가 아무런 연산 없이 클럭 CK에 맞추어 딜레이만 먹고 Q나 QN으로 출력되기 때문이다(기껏해야 Q가 부정되어 QN으로 나가

는 것 외에는).

포지티브 엣지 트리거드 D F/F이 있으면 당연히 네거티브 엣지 트리거드 D F/F도 존재하지 않을까? 그림 9.40에 네거티브 엣지 트리거드 D F/F의 스키메틱과 심벌을 나타냈다. 스키메틱을 보면 그림 9.36의 포지티브 엣지 트리거드 D F/F에 비해 단지 트랜스미션 게이트의 PMOS, NMOS 방향만 뒤바뀌었음을 알 수 있다. 그뿐이다. 심벌에선 CK 앞에 부정을 의미하는 버블이 더 붙었다. 네거티브 엣지란 클럭이나 신호가 하이에서 로우로 변하는 순간을 의미한다.

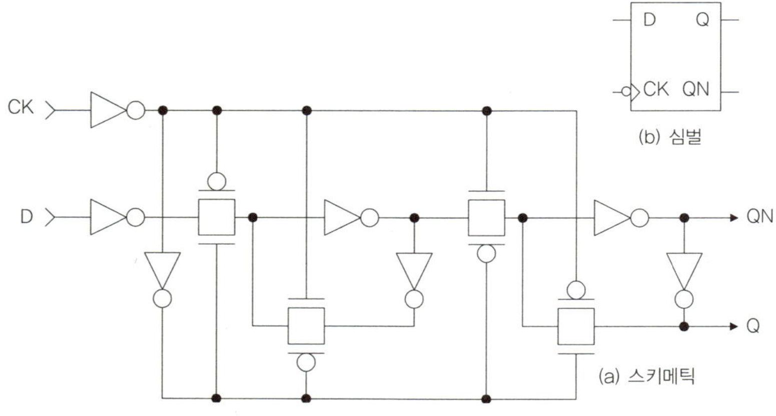

그림 9.40 네거티브 엣지 트리거드 D F/F

로직 게이트 사용 예

지금까지 설명한 로직 게이트들로 간단한 응용을 한번 해 보자. 보통 때는 늘 차를 가지고 다니다가 눈이 오는 날이나 기온이 영하인 눈 온 다음날은 차를 가지고 가지 않는다는 원칙을 세웠다고 가정해 보자. '눈이 온다'를 A라고 하고 '기온이 영하다'를 B라고 하자. 그리고 '차를 가져가지 않는다'를 Z라고 하면 표 9.10과 같은 표를 얻을 수 있다.

어제 눈이 왔다는 것은 어제의 날씨를 기억하고 있어야 한다는 의미다. 그것은 클럭 한 주기만큼 데이터를 기억하는 것인데, 그러려면 D F/F 두 개를 직렬로 사용해야 한다. 기억하는 게이트는 D 래치와 D F/F이 있는데, F/F의 사용이 간단하므로 D F/F을 사용하겠다. 차를 가져가야 할지 말아야 할지는 일단 결정하고 나서 출근해야 한다. 눈이 그쳤다고 다시 집으로 돌아와 차를 가져가는 일은 없을 테니까. 그러므로 날씨를 판단하는 근거인 기온이나 눈이 오는지 살피는 것은 그날 하루 동안 유효해야 하니, A, B에도 D F/F이 필요하다. 그리고 어제 눈이 왔는지를 기억하는 클럭은 주기가 24시간이고 매일 아침 출근 시각에 한 번씩 0에서 1로 바뀐다고 하자. 24시간에 비

눈이 온다(A)		기온이 영하다(B)	차를 가져가지 않는다(Z)
오늘(A(n))	어제(A(n−1))		
0	0	0	0
0	0	1	0
0	1	0	0
0	1	1	1
1	0	0	1
1	0	1	1
1	1	0	1
1	1	1	1

표 9.10 경우의 수

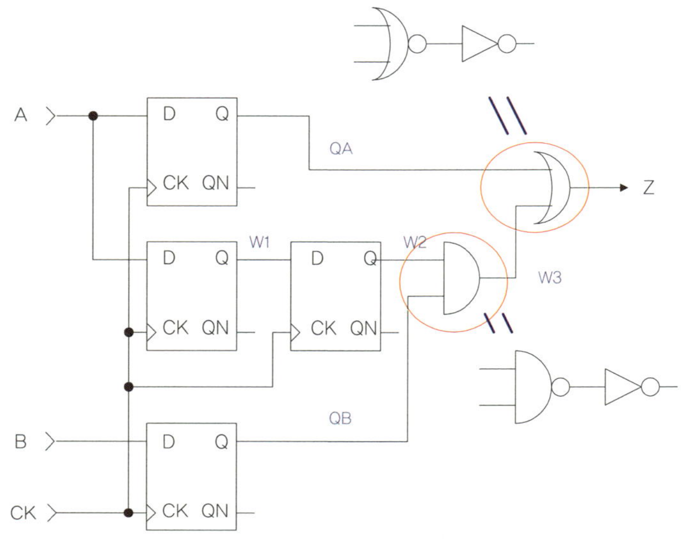

그림 9.41 표 9.10의 구현 회로

교하면 0.1나노초의 딜레이는 없는 것이나 마찬가지이므로 타이밍 다이어그램에서는 눈에 보이지 않는다.

표 9.10에서 보면 A=1인 경우는 다른 조건에 상관없이 Z=1이 된다. Z의 입장에서 보면 A거나 그 외에 어떤 한 경우에 1이 된다. '이거나'에 해당하는 것은 논리합 오어(OR)이다. 일단 2 인풋(input) 오어 게이트가 필요하다. '그 외에 어떤 한 경우'는 무엇인가? 현재의 A 즉, A(n)이 아닌 그 이전의 A, 즉 A(n-1)과 B가 논리곱 AND인 경우다. B는 현재의 값이니 바로 받을 수 있고, A(n-1)은 어제의 신호를 기억해야 한다. 그러면 그림 9.41과 같이 된다. CMOS 게이트에서 앤드는 낸드와 인버터를 이용하여 구현하고, 오어는 노어와 인버터를 이용하여 그림 9.41과 같이 구현한다.

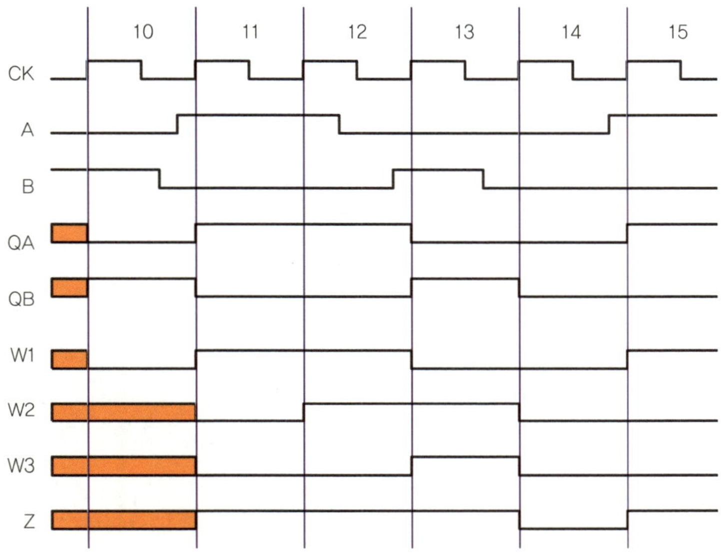

그림 9.42 그림 9.41 회로의 타이밍 다이어그램

그림 9.41의 입력 신호를 만들어 보자. 1월 10일부터 기온과 날씨를 측정했는데, 10일 밤부터 눈이 내려 12일 점심 때까지 내리다가 그쳤고, 14일 밤에 다시 내리기 시작했다. 기온은 영하였던 10일 밤부터 풀려 영상의 기온이 되었다가 12일 밤부터 13일 저녁까지 다시 영하의 날씨가 되었다면 그림 9.42의 A, B같이 될 것이다.

CK, A, B를 가지고 그림 9.41의 회로를 따라 타이밍 다이어그램을 그리면 그림 9.42를 완성할 수 있다. 결과를 보자. 10일부터 시작했으니 10일 당일은 9일의 날씨를 기억하지 못해 판단을 할 수 없고, $Z=0$인 14일 하루만 차를 가져가는 것으로 나왔다.

이 예문을 두 번 정도 읽어 보고 이해가 되면 아주 직관력이 좋은 것이고, 두 번 보아도 모르겠거든 그냥 지나치기 바란다.

기계공업이 주요 산업으로 자리 잡고 있는 독일은 자신들의 발전 정도를 자랑하기 위해 시계의 나라로 잘 알려진 스위스에 여자의 긴 머리카락을 길이 방향으로 일곱 갈래를 내서 보내고 의기양양한 미소를 지으며 답신을 기다리고 있었다. 며칠 후 스위스에서 보내온 소포 꾸러미를 풀러 보니, 자기네가 보낸 일곱 갈래 머리카락의 한 가운데 파이프처럼 구멍이 뚫려 있었다고 한다.

사람의 머리카락은 사람마다 차이가 있으나 직경이 약 100마이크로미터(0.1밀리미터) 정도 된다. 대장균은 폭이 약 0.5~0.7마이크로미터, 길이가 약 2~3마이크로미터 정도다. 요즘 상용화된 반도체 공정에서 MOS의 폭은 0.13마이크로미터다. 요즘 나노테크로 언론에 발표되는 90나노 공정이 상용화되면 MOS 폭이 0. 09마이크로미터가 된다. 사람 머리카락 단면에 수천 개의 MOS를 집적시키고, 대장균 한 마리의 등 위에 수십 개의 MOS를 집적시키는 요즘에는 위의 유머가 그 재미의 정도가 덜해져 버렸다.

반도체 설계의 마지막 단계가 레이아웃이고 설계의 최종 산출물이 레이아웃 DB다. 이 단계에서는 제조 공정 기술에 맞추어 실제 실리콘 웨이퍼 위에 새겨 넣을 여러 패턴을 그리는 작업을 한다.

디자인에 규칙이 있다

레이아웃(layout)을 아트(art)라 부르는 사람도 있기는 하지만, 레이아웃은 예쁘게 그리는 것이 아니라 제조 가능하게 그려야 한다. 7장에서 살펴본 것처럼 제조하는 데는 여러 가지 제약이 있다. MOS를 많이 집적시키겠다고 무조건 작게 그릴 수도 없고, 포토리소그래피(photolithography) 작업도 가능해야 하며, 전기적으로 원하는 동작을 하기 위한 최소한의 공간을 확보해 주어야 한다. 게다가 사용하는 장비의 오차도 고려하여 수백 개의 디자인 룰(design rule)을 공정 팀에서 작성하여 설계 팀에 보내 준다. A4 용지로 수십 장에 적힌 룰을 가지고 그 룰에 어긋나지 않는 범위 내에서 최소한의 면적에 MOS들을 설계해야 한다. 그 수백 개의 룰 중 몇 개를 그림 10.1과 표 10.1에 나타냈다. 구체적인 수치는 회사나 공정마다 다르고 각 회사의 비밀사항이기에 여기서 밝히지는 않겠다.

이와 같이 디자인 룰은 수백 개가 있다. 그런데 언론에 '0.13마이크로미터 공정 기술'이라는 대목의 0.13마이크로미터는 디자인 룰을 의미한다. 수백 개가 있다면서 어떻게 하나를 쓰는가? 디자인 룰에는 두 가지 의미가 있다. 하나는 표 10.1과 같이 모든 항목을 적은 것이고 또 다른 의미는 그 디자인 룰의 포토리소그래피 작업에서 가장 작은 치수(dimension)를 의미한다. 즉 수백 개의 항목 중에 가장 작은 치수를 디자인 룰이라고 한다. 0.13마이크로미터 디자인 룰에서는 가장 작은 치수가 0.13마이크로미터라는 뜻이고 0.18마이크로미터 디자인 룰에서는 가장 작은 치수가 0.18마이크로미터라는 의미다.

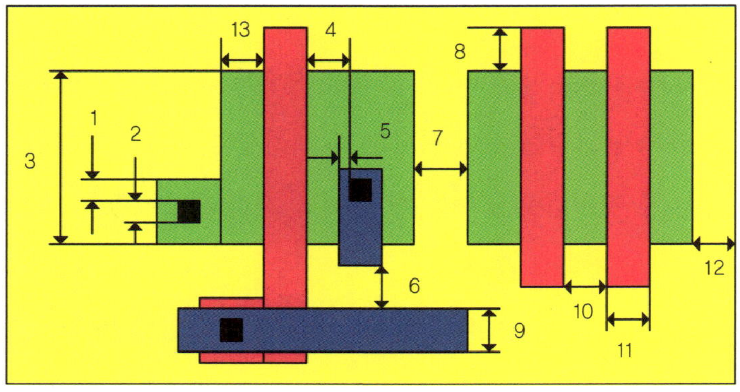

그림 10.1 디자인 룰의 예

번호	내용	최소	최대
1	active overlap to contact	V	
2	contact size	V	V
3	active width	V	V
4	poly to contact space	V	
5	metal 1 overlap to contact	V	
6	metal 1 to metal 1 space	V	
7	active to active space	V	
8	poly extension to active	V	
9	metal 1 width	V	V
10	poly to ploy space	V	
11	poly width	V	V
12	n-well overlap to active	V	
13	source / Drain width	V	

표 10.1 디자인 룰의 예

하지만 요즘은 그 의미가 또 조금 바뀌어서 가장 작은 폴리의 폭, 즉 가장 작은 MOS의 길이(length)를 의미한다. 일례로 80년대 후반

2.0마이크로미터 디자인 룰의 EEPROM〔(Electrically Erasable and Programmable Read Only Memory, 전기적으로 프로그램 및 소거가 가능한 메모리) 이름에는 read only라는 말이 있으나 실제로는 읽고 쓰기가 모두 가능하다. 요즘의 플래시 메모리(flash memory)의 전신〕의 디자인 룰에서는 최소 MOS의 길이는 2.0마이크로미터였으나, 실제로는 그보다 더 작은 항목도 있었다. 하지만 그 디자인 룰은 2.0마이크로미터 디자인 룰이라 한다. 정리하면 신문지상에 '0.13마이크로미터 제조 기술(0.13마이크로미터 테크놀로지, 0.13마이크로미터 프로세스)'이라 하면 그 공정상에 가장 작은 MOS의 길이가 0.13마이크로미터라는 소리다.

그러면 실제 이런 디자인 룰을 적용하여 9장에서 설계한 스키메틱을 어떻게 레이아웃으로 구현하는지 살펴보자.

인버터의 속살

그림 10.2 (a)는 인버터의 스키메틱을, (b)는 이에 상응하는 레이아웃이다. (b)에서 노란색 부분은 n-well이다. n-well 상에 있는 것이 PMOS이므로 아래쪽이 NMOS가 된다. 인버터의 입력 A가 (b)에서 보면 메탈 1, 컨텍을 통해 폴리에 연결되어 PMOS, NMOS에 동시에 연결되었다. PMOS의 소스는 (b)에서 좌측이며 이는 컨텍과 메탈 1을 통해 VDD에 연결되었다. 다른 쪽 드레인은 역시 컨텍과 메탈 1을 통해 Z에 연결되었다. 하단의 NMOS에서 좌측이 소스가 되는데

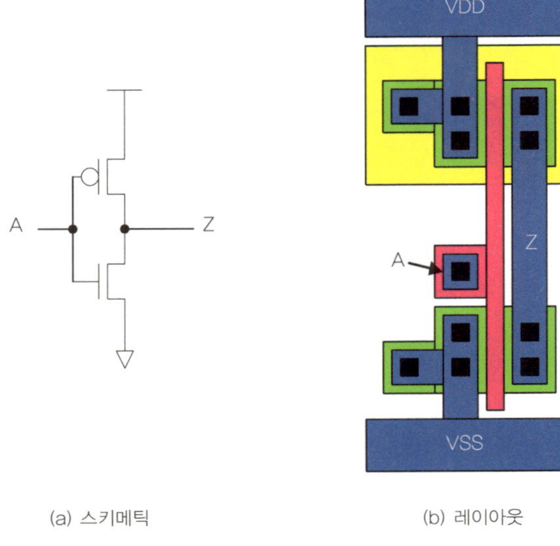

(a) 스키메틱   (b) 레이아웃

그림 10.2 인버터

이것은 컨텍과 메탈 1을 통해 VSS에 연결되고 반대편 드레인은 컨텍과 메탈 1을 통해 출력 Z에 연결되었다.

낸드 게이트의 속살

그림 10.3 (b)에서 보면 하단에 NMOS 두 개가 있다. 입력 A에 연결된 NMOS의 소스가 VSS에 연결되고 B에 연결된 NMOS의 드레인이 메탈 1을 통해 Z에 연결되어 있다. 상단의 PMOS 두 개는 공히 그 소스는 VDD에 연결되고 드레인은 Z에 연결되어 (a)의 스키메틱과 연결 상태가 동일하다.

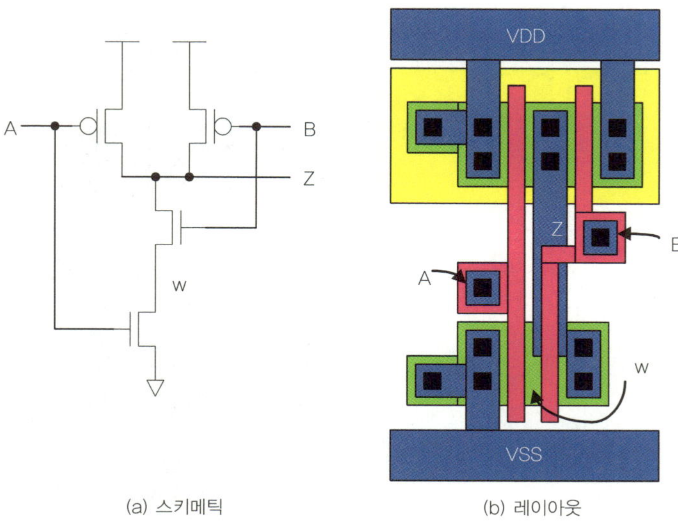

(a) 스키메틱 (b) 레이아웃

그림 10.3 2 인풋 낸드 게이트

노어 게이트의 속살

그림 10.4에 3 인풋 노어 게이트를 나타내었다. 상단의 PMOS에서 A 가 연결된 PMOS의 소스가 VDD에 연결되어 있고 C를 입력으로 받 는 PMOS의 드레인이 출력 Z에 연결되어 있다. 하단의 NMOS들은 모두 소스는 VSS에 드레인은 Z에 연결되어 있다.

디자인 룰 검증

10.1에서 디자인 룰이 수백 개가 된다고 하였다. 레이아웃 엔지니어 가 그것을 모두 숙지하여 레이아웃을 했다 하더라도 정말 그 룰을

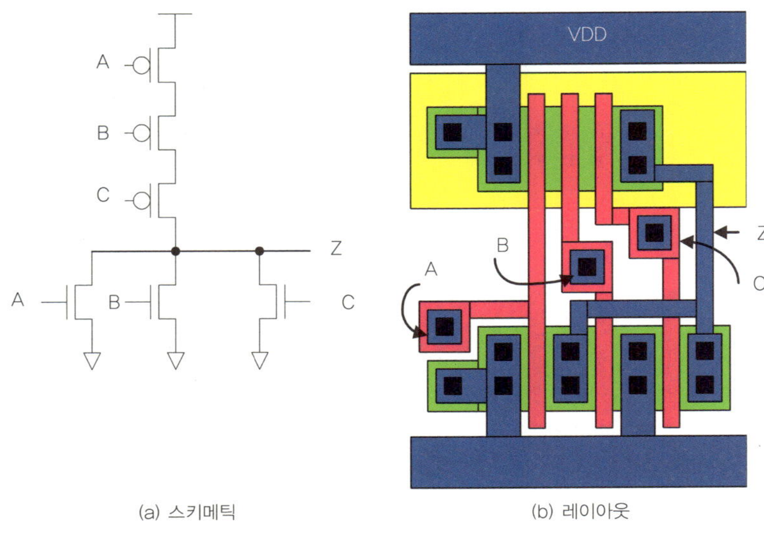

그림 10.4 3 인풋 노어 게이트

지켰는지 검증하는 것을 DRC(Design Rule Check)라 한다. 그것을 사람이 수백만 개의 MOS에 대해 일일이 눈으로 확인할 수는 없고 소프트웨어를 사용한다. 아래에 수백 개의 룰 중에서 세 개를 예로 들었다. 구체적인 수치는 밝힐 수 없어서 '?'로 표시했다. 첫 번째는 컨텍의 최소 크기를 지켰는지 검증하는 것이고, 두 번째는 폴리가 컨텍을 최소한으로 감싸야 하는 룰을 지켰는지, 세 번째는 액티브가 컨텍을 감싸야 하는 최소 수치가 지켜졌는지 검증하는 것이다. 이런 식으로 수백 개의 디자인 룰을 소프트웨어가 사용하는 언어를 써서 모두 기술한 후 소프트웨어를 실행시킨다.

; min. m1ct width is 0.?

width   m1ct   lt   0.?   output m1ct01 38

; poly overlap of m1ct is 0.?

enc[to] m1ct   poly   lt   0.?   output m1ct04 38

; active overlap of m1ct is 0.?

enc[t o] m1ct   iso   lt   0.?   output m1ct05 38

전기적 룰 검증

디자인 룰을 지켰다 해도 전기적으로 쇼트가 났거나 오픈(아무것에도 연결되지 않은 상태)이 났다면 소용이 없다. ERC(Electrical Rule Check)는 이런 사항을 체크한다. ERC에는 열 가지 이상의 체크 항목이 있는데 아래에 그 중 세 개를 소개했다. 처음 것은 n-well이 VDD에 연결되어야 하는데 그렇지 않은 n-well들이 있는지, 두 번째는 쇼트난 메탈들이 있는지, 세 번째는 연결되지 않고 끊어진 메탈들이 있는지 확인하는 것이다.

; n-well which is not connected to VDD

lconnect   inwell disc   vdd   output bnwell 26

; Shorted nodes

multilaboutput shorts   26

; Opened nodes

samelab   output opens   26

레이아웃 대 스키메틱

디자인 룰도 맞고 전기적으로도 잘못된 것이 없음을 검증한 후엔 스키메틱대로 레이아웃이 되었는지, 스키메틱의 MOS 사이즈와 레이아웃의 사이즈가 같은지 확인해야 한다. 이것이 LVS(Layout vs Schematic)이다. LVS는 툴이 스키메틱과 레이아웃에서 네트리스트를 추출한 후 그 두 개의 네트리스트를 비교하는 것이다.

아래에 LVS 룰 파일의 일부를 나타냈다.

    lvschk[scer] wpercent= 5 lpercent= 3 resval= 5

이것은 스키메틱에 있는 값들에 비해 MOS의 폭은 5퍼센트, 길이는 3퍼센트, 저항 값은 5퍼센트를 벗어나는 소자들을 찾아 내라는 의미다.

기생충 검출

레이아웃을 DRC, ERC, LVS까지 실행하여 오류 없이 제대로 되었음을 확인했으면 그 제대로 된 레이아웃에서 의도한 소자들 외에도 기생 소자(parastic device)들을 추출한다. 스키메틱에는 의도한 소자들만 있을 뿐, 레이아웃을 하면서 부수적으로 생긴 저항이나 캐패시터들은 나타나 있지 않다. 이런 기생 소자들은 딜레이를 유발시키는데 설계시 예측한 값보다 클 경우 반도체 칩이 오작동하게 된다.

이 기생 소자들의 값은 얼마나 될까? 기생 캐패시터의 경우 길이에 따라 다르게 되는데, 근접한 소자들을 연결하는 메탈에서 보통 수십 fF(femto Farad, 1fF는 10^{-15}F)이다. 즉 수억분의 1마이크로 패럿에 불과하지만, 9장에서 게이트 하나의 딜레이 타임이 0.1나노초, 즉 10억분의 1초라는 것을 상기하면 그 값들을 무시할 수 없다. LPE에서 추출한 기생 소자의 값들을 원래 스키메틱 네트리스트에 추가하여 설계 시뮬레이션을 다시 해 보고 설계 마진(design margin)이 충분한지 확인해 본다. 시뮬레이션을 통과하지 못하면 스키메틱을 고치거나 레이아웃을 수정해야 한다. 아래에 LPE의 일부를 나타냈다.

```
; Metal 1 under metal 2 & over poly
;
parasitic cap[a0]        w1u2opmt1        mt2
attribute cap[a0] 0.?        0.?
;
```

이것은 메탈 2 밑을 지나면서 폴리 위를 지나는 메탈 1의 기생 캐패시터 값을 구하는 문장이다.

쉬 어 가 는 글

반도체 설계에 종사하는 사람들 중에는 테이프 출고(tape out)란 말의 뜻은 알지만 왜 그런 용어를 쓰는지 의아해 하는 사람들이 많을 것이다. 회로 설계를 마치고 나면 레이아웃을 하고 레이아웃에서 LVS까지 모두 마치면 PG(Pattern Generation) 작업과 프레임(frame) 작업을 한다. PG 작업은 완성된 레이아웃 데이터 베이스를 가지고 마스크(mask) 제작을 하기 위한 작업이고, 프레임 작업은 6장의 다색 판화에서 잠자리 표에 해당하는 마스크끼리 서로 일치되게 웨이퍼에 올려 놓는 얼라인 키와 공정이 제대로 되었는지 각 공정 단계마다 모니터링할 수 있는 패턴들을 5장에 설명한 스크라이브 라인(scribe line)에 넣는 작업이다. 이런 작업이 모두 완료되면 마스크 제작회사에 이 PG 데이터 베이스를 넘겨서 마스크를 제작한다. 이 DB를 넘기는 것을 테이프 출고라고 한다. 엄밀하게는 DB 아웃이라야 한다.

요즘이야 워낙 컴퓨터 통신이 잘되어 있어서 ftp로 DB를 올리고 전화 한 통 하면 끝나지만, 80년대 후반까지도 컴퓨터끼리 통신이 되지 않아 지름 20cm, 폭 1cm 정도 되는 릴테이프에 PG DB를 담아 담당자가 그 릴테이프를 들고 마스크 제작 회사에 전달했다. 그래서 테이프 출고라는 말이 공식 용어로는 DB 아웃인데도 관습적으로 남아있는 것이다.

반도체 설계는 한 가지 방법만 있는 것이 아니다. 따라서 프로젝트의 성격에 따라 적합한 방식을 채택해야 한다. 크게 게이트 어레이 방식(gate array), 스텐다드 셀 방식(standard cell), SoC 방식(System on Chip) 그리고 풀 커스텀 방식(full custom)이 있다. 이 중에 설계 및 제조 시간을 가장 단축할 수 있는 것은 게이트 어레이 방식으로 설계 기간은 회로의 성격에 따라 달라지나 약 2주일 정도다. 스텐다드 셀 방식, SoC 방식, 풀 커스텀 방식 모두 제조 기간은 약 두 달 정도로 차이가 없으나, 같은 규모의 칩을 설계한다면 SoC 방식이 설계 기간을 가장 줄일 수 있고, 풀 커스텀 방식이 가장 오래 걸리지만 가장 작게 설계할 수 있다. 스텐다드 셀 방식은 그 중간쯤 된다. 이런 기준은 같은 규모의 칩을 설계할 때 얘기고, 가장 큰 규모(회로가 복잡한 정도)의 칩을 설계할 수 있는 방식은 설계 비용이 가장 많이 들지만 SoC 방식이다. 요즘은 시스템 IC를 설계할 때 우리나라에서는 스텐다드 셀 방식이나 SoC 방식이 주류를 이룬다.

본론으로 들어가기 전에 먼저 P&R이라는 용어를 이해해야 한다. P&R(Placement & Routing)에서 플레이스먼트란 네트리스트를 보고 주어진 라이브러리(library)에서 필요한 셀 레이아웃들을 골라서 배치시키는 것을 말하고 배치된 셀들을 스키메틱 네트리스트에 따라 연결시키는 것을 라우팅(routing)이라 한다. 위의 네 가지 설계 방식들 중에 풀 커스텀 방식을 제외한 세 가지 방식에서는 모두 소프트웨어(software, tool)를 사용하는 오토메틱 P&R(automatic P&R)을 하기에 APR(automatic P&R)이라는 말도 있다. 통상 플레이스먼트와 라우팅을 같은 툴에서 순차적으로 수행한다. 그리고 이 툴은 셀의 내부는 보지 않고 단지 셀의 입출력들만 보고 P&R을 수행한다.

반도체에 웬 표준 세포?

9장에서 설명한 게이트들을 미리 만들어 놓고 그 범위 내에서 설계하는 방법을 스텐다드 셀 방식(standard cell method)이라고 한다. 실제로 게이트들은 그 기능에 따라 수십 가지이고 기능이 같더라도 그 내부의 MOS 크기들이 조금씩 달라서 약 백여 개의 게이트들이 사용된다. 이런 게이트들의 집합을 라이브러리라 하고 이 라이브러리에 등록된 게이트들을 스텐다드 셀이라 한다. 이 라이브러리에는 레이아웃 DB와 게이트들의 딜레이 타임 그리고 게이트들의 입출력 캐패

Function	Cell Name	PMOS width	NMOS width
2 input NAND	Nd21	3um	2um
	Nd22	6um	4um
4 input NAND	Nd41	3um	2um
	Nd42	6um	4um

표 11.1 스텐다드 셀 라이브러리 예

시턴스(캐패시터의 값) 등을 데이터 베이스로 가지고 있다. 디지털 설계에서는 특별한 경우를 제외하고는 MOS의 길이는 모두 최소 디자인 룰대로 사용한다. 즉 0.18마이크로미터 디자인 룰에서는 PMOS든 NMOS든 길이는 모두 0.18마이크로미터이다.

만약에 표 11.1과 같은 라이브러리가 있다고 하자. 만일 PMOS, NMOS 폭이 각각 5마이크로미터, 3마이크로미터짜리 2 인풋 낸드 게이트를 사용하고 싶다면 뒤에서 소개할 풀 커스텀(full custom)방식에서는 그런 게이트를 만들면 되지만, 스텐다드 셀 방식에선 Nd22를 사용하거나 아쉬운 대로 Nd21을 사용해야 한다. 대신에 라이브러리에 등록된 셀들은 이미 레이아웃까지 다 준비되어 있어서 그것들을 새로이 설계할 필요가 없다. 그림 11.1은 가상의 스텐다드 셀 라이브러리의 셀 레이아웃 세 개를 보여 준다.

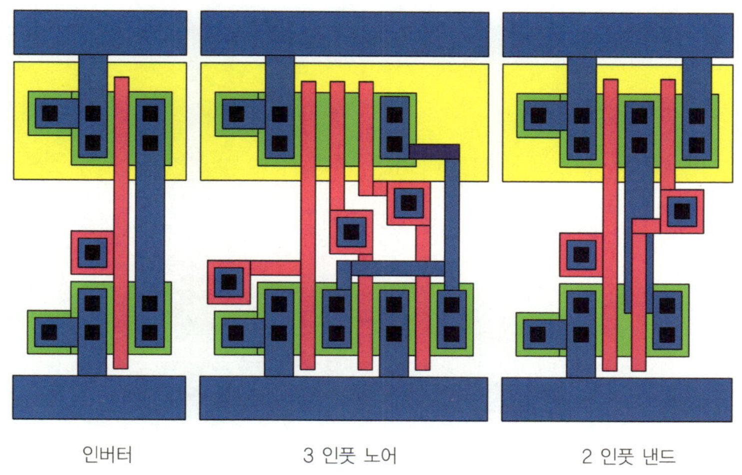

그림 11.1 스텐다드 셀 라이브러리의 셀들

그림 11.1에서 보듯이 스텐다드 셀에선 레이아웃상에서 셀들의 높이가 모두 같다. 대신 그 너비는 회로의 복잡도에 따라 달라지게 된다. 그리고 플레이스먼트를 툴이 하므로 셀 하나가 멀리 떨어져 있을 수도 있고, 바로 옆에 어떤 셀이 위치(placement)할지 모르기에 셀 단독으로 모든 디자인 룰을 만족시켜야 하고, 픽 업들도 각자가 가지고 있어야 한다. 특히 액티브는 옆에 어떤 셀이 위치할지 모르므로 디자인 룰 상의 액티브와 액티브 간의 거리의 절반에 해당하는 수치만큼 셀의 경계선에서 떨어져 있어야 한다. 셀들을 위치시킬 때는 셀들을 떨어지게 위치시킬 수는 있어도 셀 내부를 들여다보지 않기에, 인접한 셀 내부에 여유가 있다고 서로 겹치게 위치시킬 수는 없다. 스텐다드 셀 방식에서 그림 11.2와 같은 스키메틱을 P&R(셀을 배치하고 연결시키는 작업) 한다면 그림 11.3과 같이 된다.

고객이 바글 바글?

풀 커스텀 방식에는 라이브러리가 존재하지 않으며 필요한 셀들을 직접 설계해 가며 회로 설계도 수행한다. 레이아웃도 스텐다드 셀처

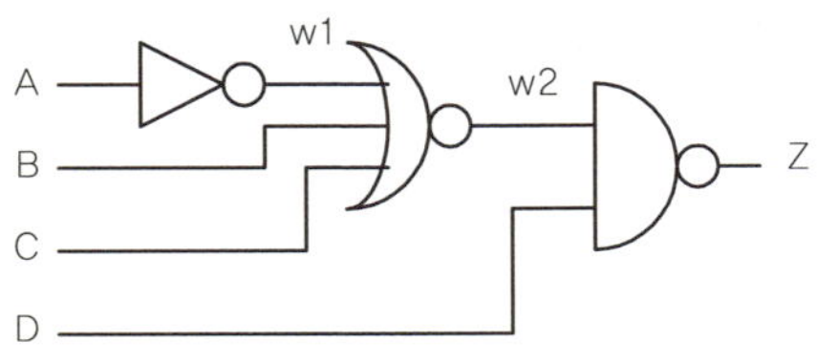

그림 11.2 P&R할 스키메틱

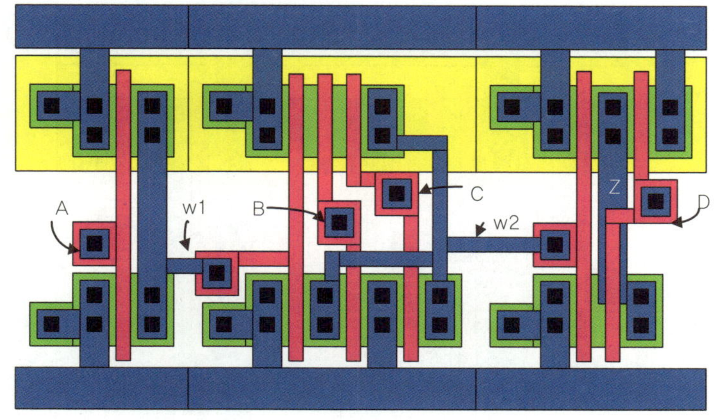

그림 11.3 그림 11.2의 회로를 스텐다드 셀 방식으로 P&R한 결과

럼 높이의 제약이 있지 않고 아무런 제약도 없다. 셀 여러 개를 뭉쳐서 하나로 레이아웃 해도 무방하며 MOS의 크기가 같은 게이트라도 배치되는 곳에 따라 여러 가지로 레이아웃될 수 있다. 스텐다드 셀 방식이 시조와 같은 정형시라면 풀 커스텀 방식은 자유시에 해당한다. 대신 셀 레벨부터 설계를 해야 하고, 같은 셀이라도 배치되는 위치에 따라 여러 개의 레이아웃이 있을 수 있기에 설계 시간이 네 가지 설계 방식 중 가장 오래 걸린다. 그러나 레이아웃을 효율적으로 할 수 있으므로 같은 규모의 칩이라면 면적을 가장 작게 구현할 수 있는 장점이 있다.

그림 11.2와 같은 회로를 풀 커스텀 방식으로 레이아웃 한다면 그림 11.4와 같이 할 수 있다. 그림 11.3과 비교해 보았을 때 대략 30퍼센트 정도 면적이 줄어든다.

면적이 줄어든 원인을 살펴보면 인버터와 노어 게이트에서

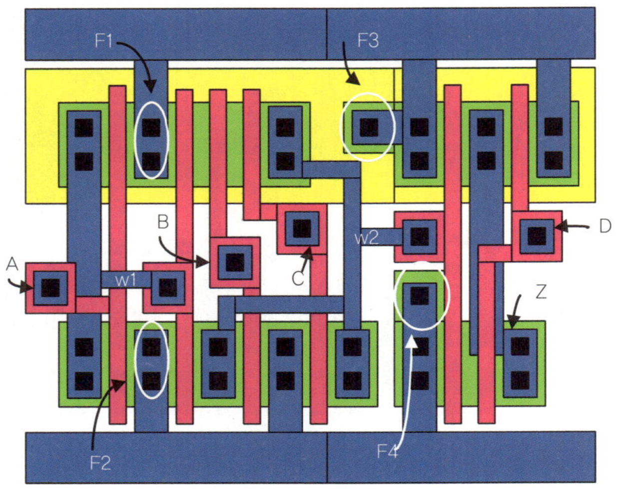

그림 11.4 그림 11.2의 회로를 풀 커스텀 방식으로 P&R한 결과

PMOS들이 VDD를 공유(F1)했고, NMOS들이 VSS를 공유(F2)했다. 그리고 각각의 셀들이 홀로 독자적으로 플레이스먼트 될 것을 고려하여 각 셀들이 보유하고 있던 웰 픽 업을 세 개의 셀이 공유(F3)했다. 그리고 인접한 셀이 무엇인지 알고 있고, 셀 내부를 들여다볼 수 있기에 빈 공간을 활용(F4)하였다. 이것은 레이아웃상에서 줄일 수 있는 일례이고 회로상으로도 그림 9.29의 D 래치를 풀 커스텀 방식에서 그림 11.5와 같이 구현할 수 있다. 즉 다른 설계 방식에서 열네 개의 MOS로 구현하는 D 래치를 풀 커스텀 방식에서는 여덟 개의 MOS로 구현이 가능하다. 이것이 가능한 이유는 풀 커스텀 방식에서는 사람이 P&R을 하므로 인접해야 할 셀들을 원하는 대로 인접시켜서 배치할 수 있기 때문이다. 그림 9.29에는 존재하나 그림 11.4에서는 존재하지 않는 세 개의 인버터들은 D 래치가 어디에 배치될

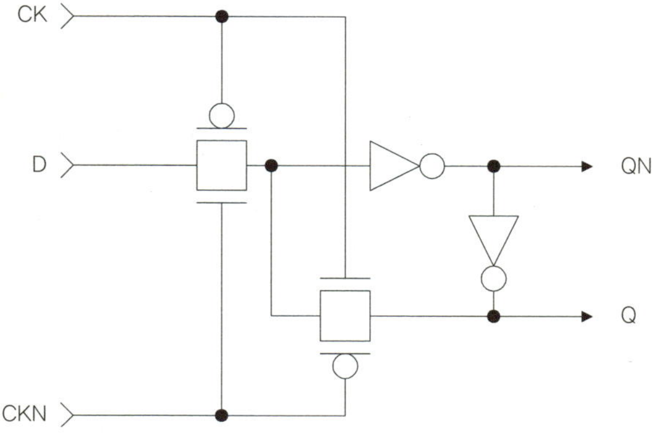

그림 11.5 풀 커스텀 방식에서의 D 래치

지 몰라서 충분한 설계 여유(design margin)를 두기 위해 추가된 것들이다.

이렇듯 풀 커스텀 방식은 실리콘의 면적을 줄이는 데 가장 적합한 설계 방식이지만 설계 기간이 길어서 요즘은 아날로그나 메모리 설계에서나 채택하는 방식이 되어 버렸다. 또한 메모리나 아날로그 제품에 비해 라이프 타임(life time, 제품의 존속 기간)이 매우 짧은 시스템 IC(system IC) 제품의 설계에서도 긴 설계 기간 때문에 요즘은 기피하는 방식이 되어 버렸다.

대문의 배열

게이트 어레이 방식(gate array method)에서 셀은 높이만이 아니라 그 폭도 2 인풋 낸드 게이트를 기준으로 일정하게 정해져 있다. 그림

11.6과 같이 MOS까지 형성된 셀이 일정하게 쭉 배치되어 있는 것을 베이스 어레이(base array)라 한다. 웨이퍼에도 이렇게 MOS까지 공정을 진행시켜 놓고 보관하고 있다. 반도체 공정에서 MOS까지 형성시키는 단계를 프론트엔드 공정(frontend process)이라 하고, 컨텍과 메탈 등을 진행하는 단계를 순서상 뒤에 있어서 백엔드 공정(backend process)이라 하는데, 프론트엔드 공정에서 대부분의 시간이 소요된다.

게이트 어레이 방식은 이렇게 프론트엔드 공정을 진행시켜 놓은 웨이퍼를 보관하고 있다가 설계가 완료되면 설계에 따라 백엔드 공정만 진행시키기에 개발 시간이 다른 방식은 마스크 입고 후 약 두 달 정도 소요되는데 반해, 게이트 어레이 방식은 마스크 입고 후 약 2주일 정도 소요된다. 개발 시간이 짧은 것이 게이트 어레이의 가장 큰 장점이다.

게이트 어레이 방식에서는 그림 11.7 (a)와 같이 이미 베이스 어

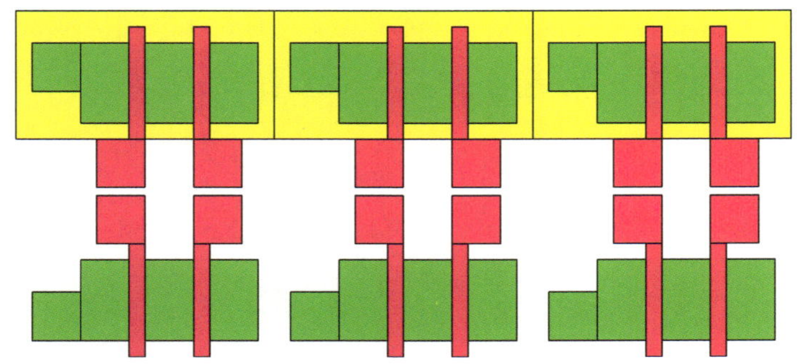

그림 11.6 베이스 어레이

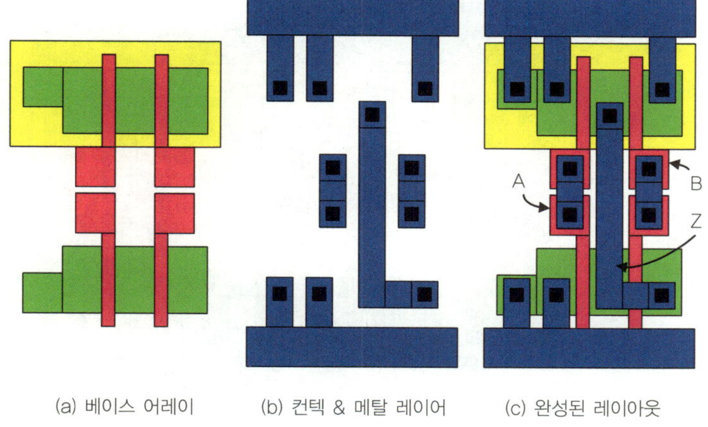

(a) 베이스 어레이　　(b) 컨텍 & 메탈 레이어　　(c) 완성된 레이아웃

그림 11.7 게이트 어레이에서 레이아웃 완성 과정

레이까지 공정이 끝난 웨이퍼를 창고에서 꺼내, 설계에서 나온 (b)와 같은 컨텍과 메탈 마스크를 제작하여 백엔드 공정을 진행하면 (c)와 같이 된다. 그림 11.7은 2 인풋 낸드 게이트를 예로 든 것이다.

그림 11.2의 스키메틱을 게이트 어레이로 P&R을 하면 그림 11.8과 같이 된다. 3 인풋 노어 게이트와 인버터만 보여 주고 2 인풋 낸드 게이트는 보이지 않을 만큼 이미 레이아웃이 커져 버렸다. 레이아웃이 커져 버린 이유는 사용하지 않는 MOS들이 공간을 차지하고 있고(G1), MOS 사이에 컨텍이 올 수도 있어서 모든 MOS의 사이에 컨텍이 올 수 있는 공간(G2)을 확보하고 있어야 하기 때문이다. 이는 게이트 어레이가 기본적으로 2 인풋 낸드 게이트를 베이스 어레이로 사용하기 때문에 초래되는 일들이다.

그래서 게이트 어레이 방식에는 최대 게이트 카운트(maximum

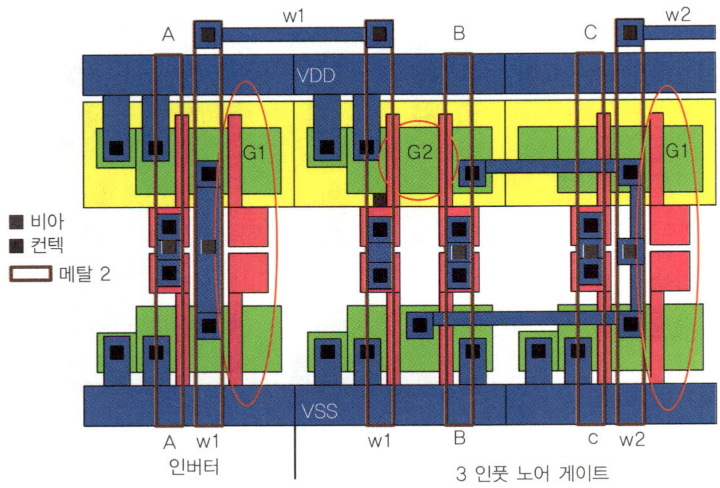

그림 11.8 그림 11.2의 스키메틱(일부)을 게이트 어레이 방식으로 P&R한 결과

gate count)와 유효 게이트 카운트(usable gate count)가 있다. 베이스 어레이에 형성되어 있는 모든 2 인풋 낸드 게이트의 개수를 최대 게이트 카운트라 하고, 그림 11.8의 G1처럼 사용되지 않고 버려지는 게이트들 때문에 통계적으로 그런 것들을 제외한 게이트 카운트가 유효 게이트 카운트이다.

4장에서 처음 언급된 게이트 카운트(gate count)를 살펴보면 스텐다드 셀은 높이는 모두 같지만, 폭은 셀마다 다르다. 그런데 게이트 어레이의 베이스 어레이에서는 셀의 높이뿐만 아니라 폭도 똑같다. 왜냐 하면 2 인풋 낸드 게이트를 기준으로 하기 때문이다. 그림 11.8 에서 인버터는 비록 셀의 절반을 쓰지 않지만 게이트 카운트로 1 게이트이다. 3 인풋 노어 게이트도 버리는 부분이 있기는 하지만 게이트 카운트로 2 게이트가 된다.

　따라서 게이트 어레이에서는 게이트 카운트를 알면 바로 사용되는 면적이 나온다. 즉 게이트 카운트와 사용되는 면적은 일치한다. 그리고 프로젝트 시작 전에 게이트 카운트를 예측해야 타겟 베이스 어레이를 선정할 수 있다. 즉 5만 게이트 베이스 어레이를 사용할지 10만 게이트 베이스 어레이를 사용할지 선정해야 베이스 어레이의 재고도 확인하고 프로젝트도 시작할 수 있다. 게다가 회로의 복잡도도 알 수 있다.

　반면 스텐다드 셀이나 앞으로 설명할 SoC 디자인에서는 어떻게 할까? 게이트 어레이에서 기원한 게이트 카운트의 정의에 맞추어 모든 셀들의 면적을 2 인풋 낸드 게이트의 면적으로 나눈다. 그래서 인버터의 경우, 게이트 카운트로 0.5 게이트, D F/F 같은 경우 3.5 게이트와 같은 방식으로 환산한다.

　원가 계산을 위해서는 실리콘의 정확한 면적이 필요하고 설계의 복잡도를 알기 위해서는 사용된 셀들의 개수가 필요하다. D F/F 셀 하나를 불러다 썼는데 3.5로 카운트 되면 그건 복잡도를 왜곡시킨다. 그리고 2 인풋 낸드 게이트의 면적을 공개하지 않으면 면적을 알 수가 없다. 즉 스텐다드 셀이나 SoC 방식의 설계에서는 게이트 카운트는 정확한 면적도, 설계의 복잡도도 나타내지 못한다. 아무짝에도 쓸모가 없다고 생각하기에 필자는 개인적으로 그 단위를 매우 혐오한다. 그러나 바로 그 이유 때문에 모두들 애용하는 것이다. 정확한 면적도, 정확한 복잡도도 나타내지 않고 그러면서도 뭔가 정보를 준 것 같기에 비밀유지에 아주 좋은 단위인 것이다. 대외적으로 비밀

유지를 위하여 그 단위를 사용하는 것은 이해한다. 그러나 내부적으로는 왜 아무짝에도 쓸모없는 단위를 사용하는지 모르겠다.

그림 11.8에서 보면 인버터와 노어 게이트가 연결되는 w1이 스텐다드 셀이나 풀 커스텀 방식과는 달리 외부에서 연결되는 것이 보일 것이다. 게이트 어레이에서는 모든 입출력 단자들이 셀의 경계에 위치하고 스텐다드 셀에서는 안쪽에 있다. 스텐다드 셀에서 사용하는 APR 툴(Automatic Placement and Routing tool, 자동으로 셀들을 배치해 연결시켜 주는 툴)은 셀 내부를 들여다 보지 않는다고 했는데 그것은 셀 내부 구조를 보지 않는다는 의미이고 입출력 단자는 내부에 있어도 본다. 그러나 게이트 어레이에서 사용되는 APR 툴은 아예 셀 영역 내에는 볼 생각도 하지 않는다.

그래서 단자들을 셀의 경계면에 위치시키고 위쪽으로 연결되는 것이 수월할지 아래쪽으로 연결되는 것이 수월할지는 배치가 끝나야 알 수 있으므로 아래위로 모두 연결할 수 있게 라이브러리를 만들어 놓는다. 그리고 셀과 셀들은 그림 11.9에서와 같이 채널 영역을 통해서만 연결한다. 못난 송아지 엉덩이에 뿔난다고, 그렇잖아도 레이아웃 면적을 많이 잡아 먹는 놈이 이 대목에서 또 거대한 면적을 잡아 먹는다. 채널은 베이스 어레이에 이미 확보된 공간이므로 설혹 사용하지 않더라도 남겨 두어야 하는 공간이다. 이 채널을 없앤 게이트 어레이 방식이 SOG(Sea Of Gate)인데, 채널 영역이 없이 모두 셀 어레이로 채우고 라우팅이 필요하면 그 행(row)의 셀 어레이를 포기하고 채널로 쓰는 방법이다.

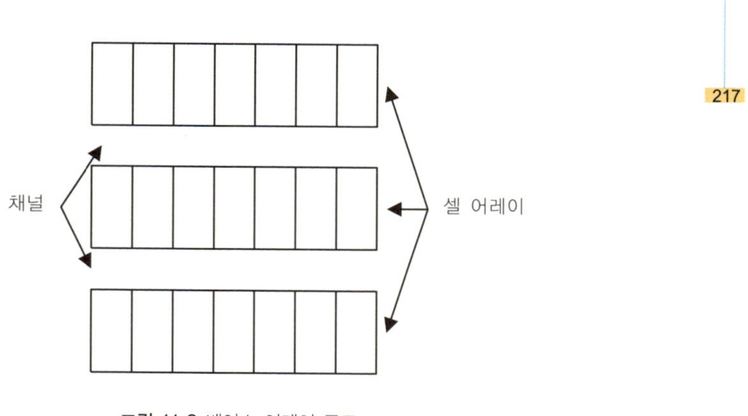

그림 11.9 베이스 어레이 구조

이래저래 좋을 것이 없을 것 같은 이 게이트 어레이가 방법론에 까지 나오는 이유는 무엇일까? 이유는 짧은 제조 기간과 개발 비용 때문이다. 게이트 어레이 방식은 주로 주문형 반도체 제작에 사용되어 왔다. 주문자는 시스템 개발 업체나 보드 개발 업체들이다. 이런 업체는 자신들의 제품에 경쟁력을 높이기 위하여 보드상에 여러 개의 칩으로 구성된 부분을 하나나 두 개의 칩으로 줄여 불량률을 낮추고, 자신들의 보드나 시스템을 남들이 모방하지 못하게 하는 데 목적이 있다(범용 칩을 사용한 보드는 누구나 그 범용 칩의 기능을 알고 있어 모방이 가능하다).

즉 자기 자신들만 사용하기를 원한다. 반도체 제조 회사에서는 가급적 많은 사람들이 자신의 칩을 사용하기를 원하고 또 그렇게 하기 위하여 많은 마케팅 비용을 지불하는 것과는 대조적이다. 이런 시스템 업체나 보드 업체에서는 자기만 사용할 것이니 수량이 불특정 다수를 향한 반도체 업체의 타겟 수량에는 턱 없이 적고, 또 마스크 세트(제조 비용 제외)만 수억 원에 달하는 개발비를 부담할 엄두가 나지 않는다. 그래서 프론트엔드까지 완료된 웨이퍼 위에 컨택과 메탈만 마스크를 제작하여 개발비를 줄이고, 제조 기간도 줄이는 데 아주 적합한 설계방식이다.

SoC와 IP

SoC(System on Chip)는 일반인들이 알고 있는 SOC(Social Overhead Captial, 사회 간접 자본)와 아무런 상관도 없는, 반도체 업자들만의 용어이며 선망의 대상이다. SoC 디자인은 기본적으로 스텐다드 셀과 IP들을 조합하여 설계한다. 이 IP 역시 일반인들이 알고 있는 인터넷 프로토콜(internet protocol)이 아니라 인텔렉추얼 프로퍼티(intellectual property, 지적 재산)의 약자로 어떤 기능을 하는 회로 집단을 의미한다.

IP란 어떤 기능을 하는 커다란 규모의 회로를 여러 프로젝트에 그 내부를 몰라도 단지 불러다 사용할 수 있게 설계해 놓은 회로 블록(block)이다. 이것은 요즘 생겨난 것은 아니고 IP란 용어가 있기 전에는 코어(core)라는 용어를 사용했고 그보다 더 이전에는 마크로 블록(macro block)이란 이름이 있었다. 게이트 어레이에서는 이 마크로 블록을 메가 셀(mega cell)이라는 용어로 사용했다.

마크로 블록 시절에 마크로 블록의 실체는 아날로그 회로나 메모리였다. 이런 메모리를 라이브러리에 등록시키면서 보통 셀보다는 수천 배 규모가 크니 그냥 셀이라는 말을 사용하기 미안하여 커다란 셀이라는 의미의 마크로 셀(macro cell)이라고 불렀다. 그러다 90년대 들어서서 CPU(Central Processing Unit), DSP(Digital Signal Processor)도 마크로 블록 형태로 설계되고 제공되었다. 그런데 CPU나 DSP는 메모리에 비해 그 규모나 복잡도가 엄청나게 차이가 나는 회로들이다. 그래서 그런 CPU나 DSP를 제공하는 업체에서 기존의 마크로 블록들과 같은 취급을 당하기가 억울하여 코어라는 용어를 사용했다. 그러다 보니 기존의 메모리 같은 단순한 마크로 블록을 이용하여 스텐다드 셀로 설계를 하는 사람들도 뭔가 기존의 마크로 블록을 불러다 쓰는 것과는 그 난이도가 현격하게 달라지니 자신들의 업무를 SoC 디자인이라고 칭하게 되었다.

사실 이 대목은 개인적인 상상이다. 여하튼 과거에 마크로 블록 이후 코어라고 부르던 것이 요즘은 의미가 좀 더 확대되어 저작권, 특허권까지 포함하는 지적재산권을 의미하지만 반도체 설계 입장에서는 과거의 코어나 다름없다. 이 IP들은 새로 개발하여 검증까지 하려면 2~3년은 걸리는 규모의 회로들이기에 그 개발 기간만큼 개발 기간이 단축되고, 그 시간에 다른 회로들을 개발함으로써 매우 큰 규모의 반도체를 개발할 수 있다. 단지 IP의 가격이 문제될 뿐이다. IP들은 저렴한 것은 수천 불에서 비싼 것은 수백만 불에 달한다. 그러나 그 개발 기간을 요즘의 반도체 칩의 라이프 타임에 비교하여 고려해야 한다.

많은 사람들이 반도체 하면 메모리 반도체를 연상하고, 반도체 관련 서적에 대해서도 메모리 반도체에 대한 언급이 있기를 당연시 하는 것 같아 이 장에서는 메모리에 대하여 살펴보겠다.

더러운 추억

그림 12.1의 회로는 디램(DRAM)의 메모리 셀(cell)이다. 보는 바와 같이 NMOS 스위치 한 개와 캐패시터 한 개로 구성되어 있다. 셀 하나가 비트(bit) 한 개의 데이터를 저장한다. NMOS의 게이트는 워드 (word) 신호에, NMOS의 드레인은 비트(bit) 신호에 연결되어 있다.

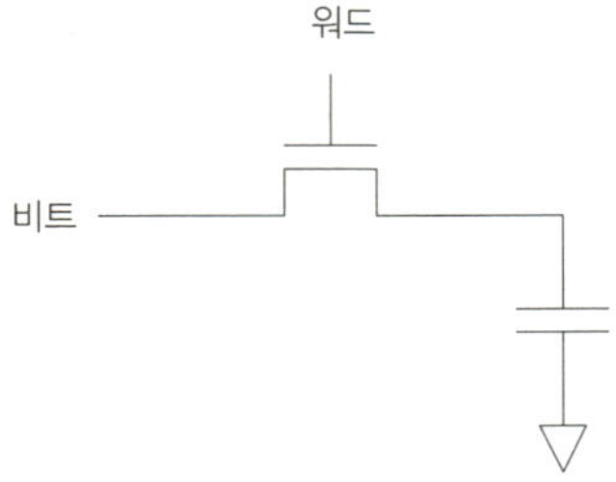

그림 12.1 디램 셀

DRAM은 다이내믹 랜덤 억세스 메모리(Dynamic Random Access Memory)를 뜻한다. 랜덤 억세스란 1번지, 2번지, 3번지, 4번지 식으로 순서대로 되어 있지 않고, 4번지, 2번지, 3번지, 1번지처럼 무작위(random)로 데이터에 접근할 수 있다. 요즘 젊은 사람들은 이런 사실이 당연하다고 생각하지만, 80년대 초만 해도 PC의 기본 사양에 하드 디스크가 달려 있지 않았고, 플로피 디스켓도 그 이후에 등장했으므로 당시에는 녹음용 테이프에 데이터를 저장했다. 녹음용 테이프에 데이터를 세 개 저장했는데 첫 번째, 두 번째 데이터는 크기가 크고 세 번째 데이터는 작아 데이터 세 개를 모두 받기는 받되, 3번 데이터를 먼저 받고 1번과 2번 데이터를 받으려면 테이프가 1번, 2번 데이터를 지나가도록 감아서, 3번 데이터를 받고 다시 처음으로 감은 후에 1번, 2번 데이터를 받아야 했다. 80년대도 그 정도였으니 디램이 처음 개발될 당시에는 랜덤 억세스란 것은 대단한 것이어서 메모리 앞에 랜덤 억세스란 수식어가 붙은 것이다.

그림 12.2와 같이 네 개의 셀이 있는 디램이 있다고 하자. 먼저 CELL 00에는 0을, CELL 01에는 1을 쓰고 싶다면, W0에 1의 신호를 주어 CELL 00, CELL 01 내부의 NMOS들을 온 시키고 W1에 0 신호를 주어 CELL 10, CELL 11 내부의 NMOS들을 오프시킨다. 이 상태에서 B0에 0, B1에 1을 실어 주면, CELL 00의 캐패시터는 0으로 방전되고, CELL 01의 캐패시터는 1로 충전된다.

이번에는 CELL 10, CELL 11 모두에 1이란 데이터를 쓰려면 W0을 0으로 만들어 CELL 00, CELL 01의 NMOS들을 오프 시키고 대신

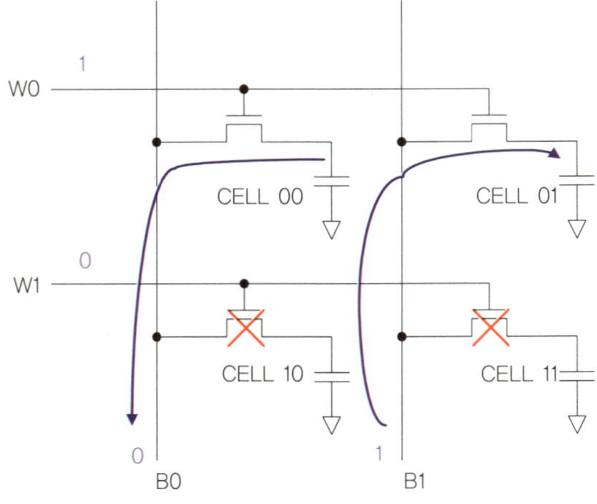

그림 12.2 데이터 쓰기 1(data write, CELL 00 = 0, CELL 01 = 1)

W1을 1로 만들어 CELL 10, CELL 11의 NMOS들을 온 시킨다. 이 상태에서 B0, B1에 모두 1을 실으면 그림 12.3과 같이 두 셀의 캐패시터들이 모두 1로 충전된다. 그러면 네 개의 셀에 모두 데이터를 쓴 것이다.

W0번지의 데이터를 읽으려면 그림 12.4와 같이 W0을 1, W1을 0으로 만들어 주면 CELL 10, CELL 11의 NMOS들은 오프 되고 CELL 00, CELL 01의 NMOS들이 온 되어 CELL 00, CELL 11의 캐패시터에 저장된 데이터가 각각 B0, B1로 출력된다.〔메모리에선 셀을 선택하는 신호가 레이아웃상에서 다니는 메탈을 워드 라인(word line)이라 하고 데이터가 실리는 메탈을 비트 라인(bit line)이라 하므로 워드 신호는 주로 W로 시작하고 비트 신호는 주로 B로 시작한다〕

그런데 그림 12.1~12.4에서 보듯이 데이터가 저장되는 곳은 셀

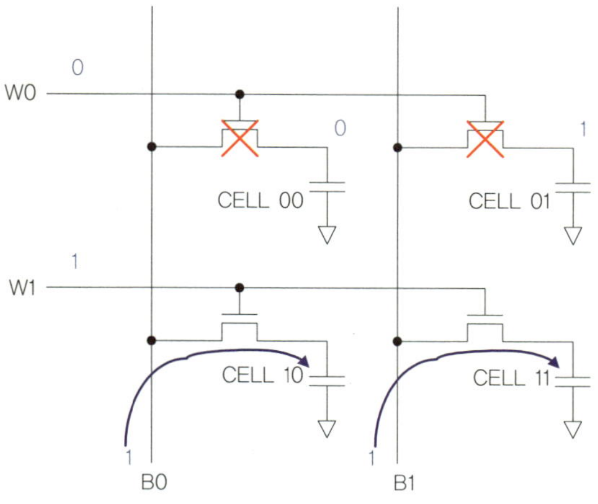

그림 12.3 데이터 쓰기 2(CELL 10 = 1, CELL 11 = 1)

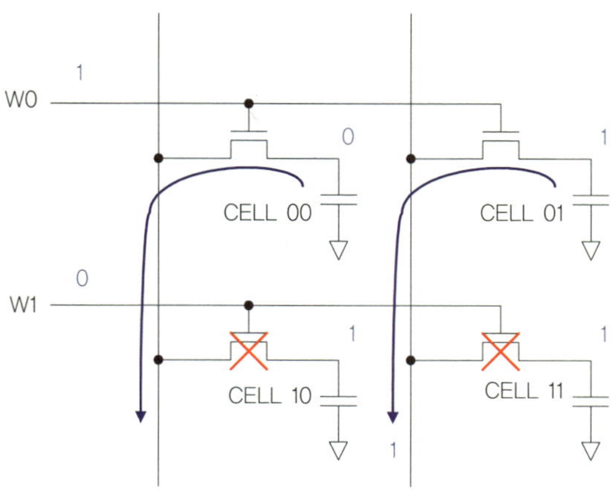

그림 12.4 데이터 읽기(data read)

내부의 캐패시터다. 특히 그림 12.3에서 CELL 00, CELL 01을 보면 데이터가 유지될 때 VDD나 VSS가 연결되지 않고 캐패시터에서 충전된 전하만으로 유지되고 있다. 캐패시터는 8장에서 언급했듯이 시간이 지나면 방전되므로 데이터를 잃어 버린다. 이런 회로는 시간이 지나면 데이터가 변할 수 있으므로 다이내믹(dynamic)이란 말을 쓰는데, DRAM의 D는 이 다이내믹의 약자다. 그래서 디램은 주기적으로 데이터를 다시 써 주어야 하고 이것을 리프레시(refresh)라 한다. 디램은 메모리 셀 자체는 매우 간단하지만 이런 리프레시에 관련된 회로도 있고, 셀의 캐패시터가 가급적 오래도록 방전되지 않게 해 주는 회로 등 주변에 있는 회로들이 매우 복잡하고 내부 신호들도 많이 존재한다. 그래서 반도체 종사자들 간에는 DRAM을 다이내믹 RAM이라기보다 지저분한(dirty) RAM의 약자라고 우스갯소리들을 한다 .

깔끔한 추억

그림 12.5는 에스램(SRAM)의 메모리 셀이다. 그림에서 보듯이 인버터 두 개와 NMOS 두 개로 이루어져 있다. 인버터 한 개에 PMOS와

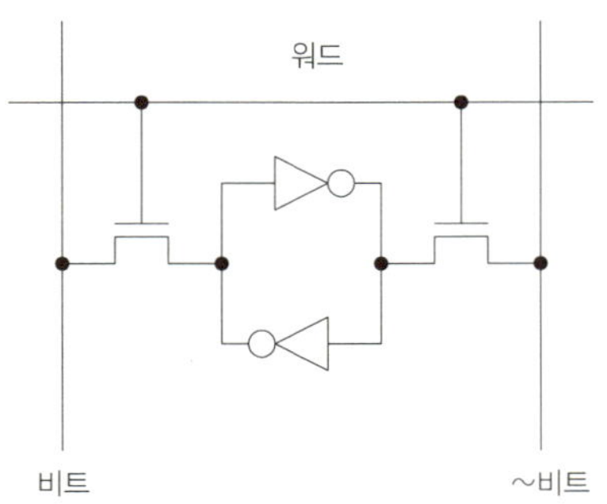

그림 12.5 에스램 메모리 셀

NMOS가 각각 한 개씩 필요하기 때문에, 결국 에스램 메모리 셀은 여섯 개의 MOS로 이루어져 있는 것이다.

그림 12.5에서 ~비트는 비트의 반대되는 신호다. 즉 비트=0이면 ~비트 =1이 된다.

이 셀에 1이라는 데이터를 쓰고 싶으면 그림 12.6에서처럼 워드 신호를 1로 만들어 셀을 선택한 후에 비트에는 1, ~비트에 0을 실어 주면, 그림 12.6에서와 같이 비트 신호가 NMOS 스위치를 지나 인버터 a의 입력으로 들어가 인버터 a의 출력을 0으로 만든다. 반면에 ~비트 신호도 NMOS 스위치를 지나 인버터 b의 입력으로 들어가 인버터 b의 출력을 1로 만든다.

데이터를 쓰고 나서 word=0으로 만들면 그림 12.7에서와 같이 두 개의 NMOS 스위치들은 오프 되어 새로운 데이터가 들어오거나 나가지 못하는 상태에서 인버터 a의 출력은 인버터 b의 입력으로, 인버터 b의 출력은 인버터 a의 입력으로 들어가 서로 꼬리에 꼬리를 물고 데이터가 돌아 데이터가 없어지지 않고 유지된다.

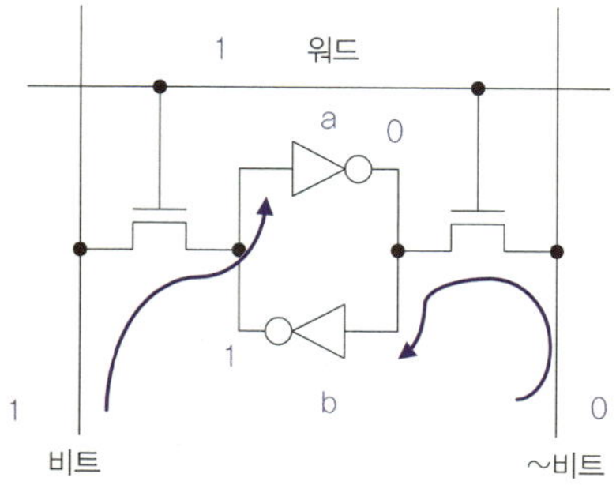

그림 12.6 데이터 쓰기

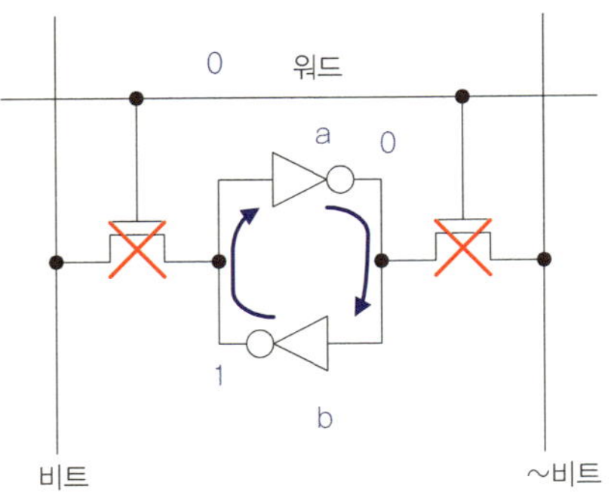

그림 12.7 셀이 선택되지 않았을 때

이 상태를 다시 자세히 보면 그림 12.8과 같다. 즉 인버터 a의 NMOS가 온 되어서 인버터 a의 출력이 VSS에 연결되어 있다. 그리고 그 출력 0이 인버터 b의 입력을 0으로 만들어 인버터 b의 PMOS를 온 시키고, 이 인버터 b의 PMOS가 VDD에 연결되어 1을 출력시켜 인버터 a의 입력으로 들어가 인버터 a의 NMOS를 온 시킨다. 이렇게 꼬리에 꼬리를 무는 순환 중에도 언제나 입력과 출력이 VDD나 VSS에 연결되어 있다. 이런 회로는 전원이 꺼지지 않는 한 데이터를 잃어 버리지 않는다.

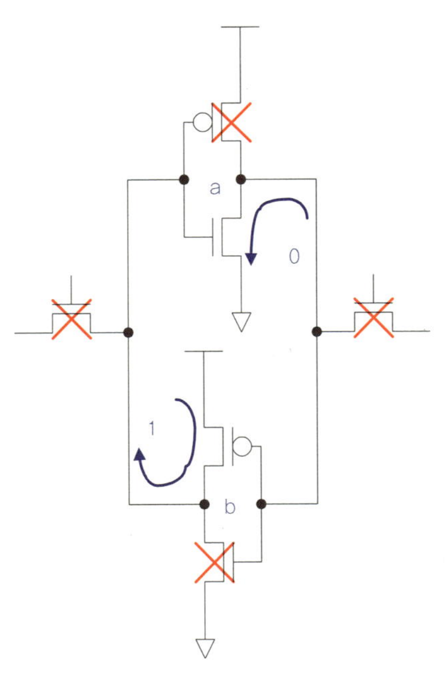

그림 12.8 데이터의 유지 상태

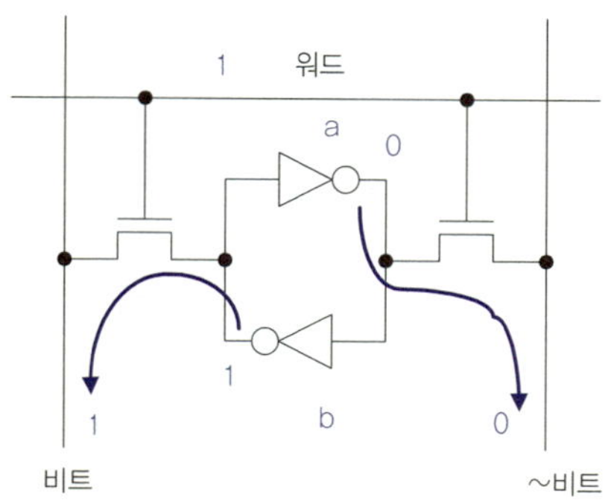

그림 12.9 데이터 읽기

그래서 스테틱(static)이란 말이 붙는다. SRAM은 스테틱 렌덤 억세스 메모리(Static Random Access Memory)의 약자다.

데이터를 읽고 싶으면 그림 12.9에서와 같이 워드 신호를 1로 만들어 셀을 선택하면 두 NMOS 스위치가 온 되어 인버터 b의 출력이 비트로, 인버터 a의 출력이 ~비트로 나와 데이터를 읽게 된다.

에스램은 메모리 셀 자체는 여섯 개의 MOS로 구성되어 디램에 비해 면적이 크고 레이아웃이 복잡하지만, 주변의 회로나 신호들이 디램에 비해 간결하다. 그래서 반도체 종사자들 간에는 깔끔하다 하여 SRAM을 스마트(smart) RAM의 약자라고 농담한다.

디램과 에스램을 총칭해서 램(RAM)이라 하는데, 이 램들은 전원이 꺼지면 데이터를 잃어 버린다. 전원 VDD나 접지 VSS는 반도체 칩 입장에서는 입력 신호다. 입력 신호가 들어오지 않으면 당연히 출력이 되지 않아 동작이 되지 않는 것이고, 전원이 꺼졌다가 다시 들어와도 디램의 경우는 캐패시터가 방전되어 리프레시 회로를 동작시키려는데 전원이 없어져서 회로도 동작하지 않고 데이터도 잃어 버리게 된다. 또 에스램의 경우도 셀 내부의 인버터들이 꼬리에 꼬리를 물고 있기는 했지만 그 입력들이 VDD, VSS에 연결 되어 있었는데 그 VDD, VSS가 들어오지 않아 그동안 무슨 신호를 서로 주고 받았는지 알 수가 없다. 램과 같은 메모리를 전원이 꺼지면 데이터가 없어진다고 해서 휘발성 메모리(volatile memory)라 한다.

금석문

노어 타입 롬

롬(ROM, Read Only Memory)은 말 그대로 데이터를 읽기만 하고 쓰지는 못한다. 쓰지 못하는데 애초의 데이터는 어떻게 들어가 있을까?

롬은 그림 12.10과 같이 메모리 셀이 하나의 NMOS로 이루어져 있다. 그림 12.10은 네 개의 셀이 있는 롬이다. CELL 11은 아무 것도 없다고? 아무 것도 없는 것이 데이터다.

그림 12.11은 W0번지의 데이터를 읽을 때다. W0 = 1이므로 CELL 00, CELL 01의 NMOS들이 온 되어 저항 R0, R1을 통해 들어오는 전류와 B0, B1에 충전되어 있던 전하들이 VSS로 빠져 나가 B0, B1은 0이 출력된다. 이 때 W1 = 0이어서 CELL 10의 NMOS는 오프되어 있다.

그림 12.12는 W1번지가 선택되었을 때다. W0 = 0이므로 CELL

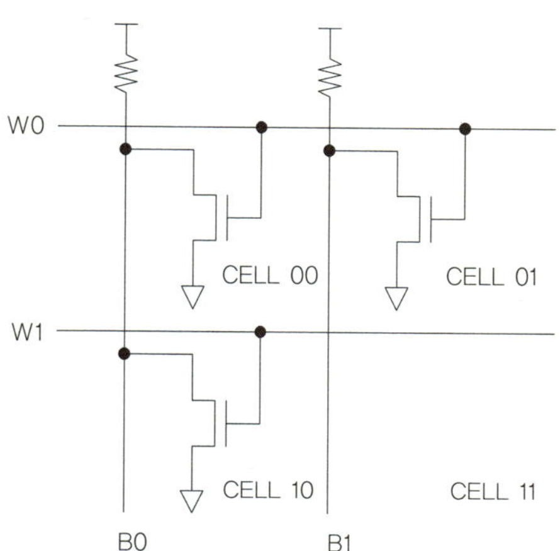

그림 12.10 노어 타입 롬(NOR type ROM, 4 cells)

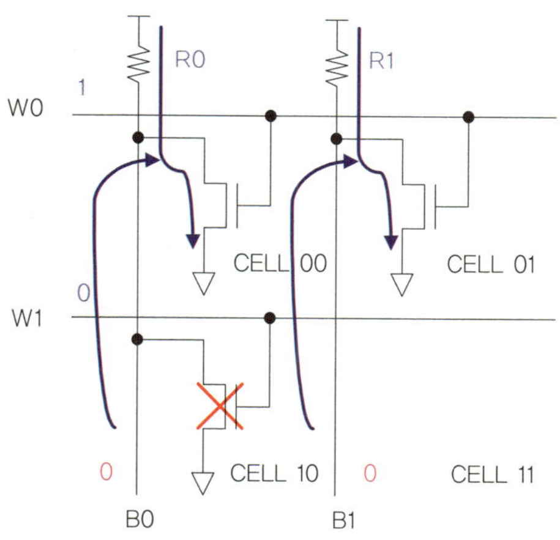

그림 12.11 데이터 읽기(W0 = 1일 때)

00, CELL 01의 NMOS들은 오프 되어 있다. 그런데 W1=1이므로 CELL 10의 NMOS가 온 되어 저항 R0을 통해 흘러 나온 전류나 B0에 충전된 전하들이 CELL 10의 NMOS를 통해 VSS로 빠져나가 B0에는 0이 출력된다. 그런데 CELL 11에는 아무 것도 없다. 저항 R1을

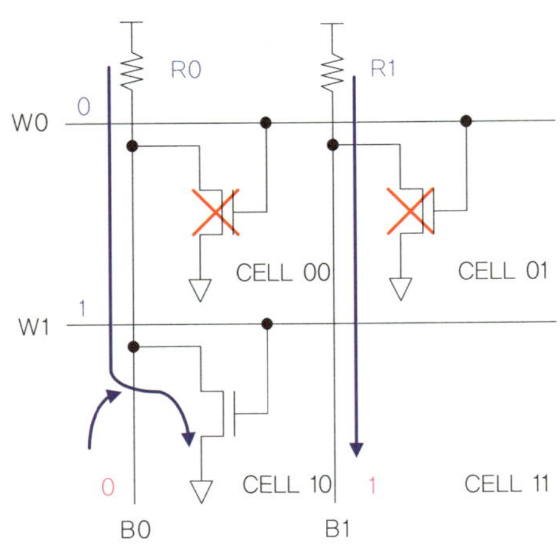

그림 12.12 데이터 읽기(W1 = 1일 때)

통해 전달된 VDD가 B1에 그대로 전달되어 1이 출력되는 것이다.

이처럼 롬은 NMOS가 있고 없고에 따라 데이터가 0이냐, 1이냐가 결정된다. 그런데 반도체 칩 내부의 NMOS는 반도체 제조 회사만이 채워 넣든지, 비워 놓을 수 있다. 그래서 롬 데이터는 반도체 제조 전에 정해 놓고 그 데이터에 따라 레이아웃시에 NMOS를 그려 넣든지 비워 놓아 그대로 제조한다. 따라서 일단 반도체 회사에서 출고된 롬 데이터는 새로 쓰는 것은 물론, 아무도 수정할 수 없고 단지 읽기만 가능한 것이다.

그림 12.11과 12.12를 살펴보면 CELL 00은 번지 선택 신호 W0과 직접 연결되어 있고 출력 B0과 직접 연결되어 있다. 같은 번지의 CELL 01에 영향을 받지 않는다. CELL 01 역시 CELL 00과 별개로 번지 선택 신호 W0과 출력 B1에 직접 연결되어 있다. 이렇게 독자적

으로 각각 출력에 연결되어 있는 것을 병렬(parallel) 연결이라 하는데, 그림 9.23의 노어 게이트(NOR gate) NMOS들처럼 병렬로 연결되었다 하여 노어 타입 롬(NOR type ROM)이라 한다.

그리고 W0＝1일 때 출력 B0에 연결된 MOS는 CELL 00의 NMOS 하나밖에 없다. 출력 B1에 연결된 MOS도 CELL 01의 NMOS 하나뿐이다. W1＝1일 때 출력 B0에 연결된 MOS도 CELL 10의 NMOS 하나뿐이고 그 때 B1엔 아예 아무 것도 없다. 번지수가 아무리 많아져도 선택된 번지에 대한 출력에 연결되는 MOS는 언제나 최대 한 개이다. 즉 출력은 NMOS 한 개를 통과하는 시간밖에 소요되지 않는다. 그래서 이런 노어 타입 롬은 데이터가 출력되는 속도(access time)가 빠르다.

낸드 타입 롬

그림 12.13과 같은 형태의 롬을 낸드 타입 롬(NAND type ROM)이라 하는데, 그림 9.17과 같이 NMOS들이 낸드 게이트(NAND gate)처럼 출력과 VSS에 직접 연결되지 못하고 이웃한 다른 NMOS를 통해서만 연결되어 있기 때문이다. 그림 12.13은 여섯 개의 셀을 가진 롬의 회로도이고 파란색의 NMOS 즉, CELL 00와 CELL 11은 보통의 NMOS의 문턱 전압이 약 0.6볼트 정도인데 반해 이 NMOS들은 제조 공정상에서 임플란트 단계(그림 12.16의 V_T 컨트롤 임플란트 레이어)를 하나 추가하여 문턱 전압을 약 −2.0볼트 정도로 낮추어 놓은 NMOS들이다. 문턱 전압이 −2.0볼트인 NMOS이므로 1 즉, VDD가

오면 온 되는 것은 물론 0 즉, VSS가 와도 온 되는 NMOS이다. 다시 말해 언제나 온 되어 있는 NMOS이다. 낸드 타입 롬에서는 노어 타입 롬에서와는 달리, 그림 12.14에서와 같이 선택된 번지의 워드라인 신호에 0을 보내고 선택되지 않은 번지의 워드라인에는 1의 신호를 보낸다.

출력 B1 쪽을 먼저 살펴보면 W1, W2가 모두 1이어서 CELL 11, CELL 21은 온 되어 있다. 그러나 W0 = 0이면 CELL 01이 오프 되어 있어서 VDD가 저항 R1을 통해 B1으로 출력되어 B1은 1이 된다. 한편 B0 쪽은 W1, W2가 1이므로 역시 CELL 10, CELL 20이 온 되어 있다. 그런데 CELL 00은 문턱 전압이 −2.0볼트이기에 W0 = 0이어도 역시 온 되므로 VDD에서 나온 전류나 B0에의 전하들이 CELL 00, CELL 10, CELL 20을 통해 VSS로 빠져 나가 B0는 0을 출력시킨다.

그림 12.15와 같이 W1만 0이 되면 CELL 10이 오프 되어 R0을 통

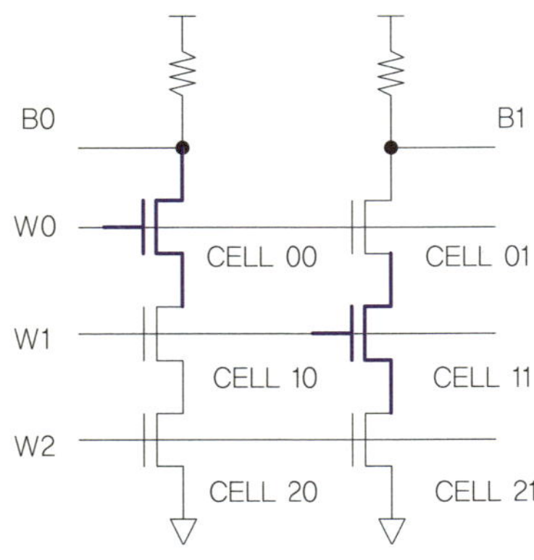

그림 12.13 낸드 타입 롬(NAND type ROM, 6 cells)

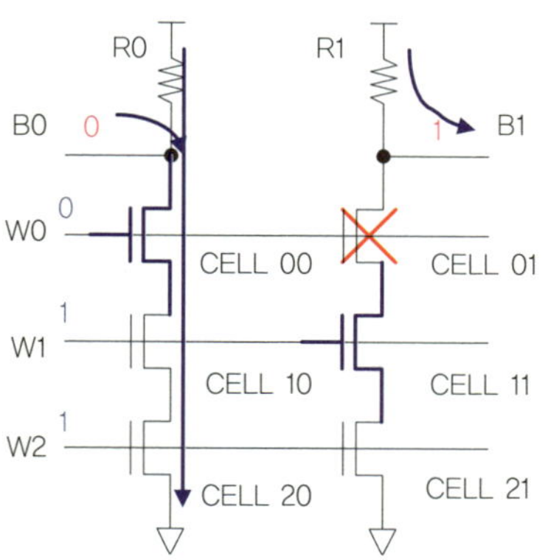

그림 12.14 데이터 읽기(W0 = 0일 때)

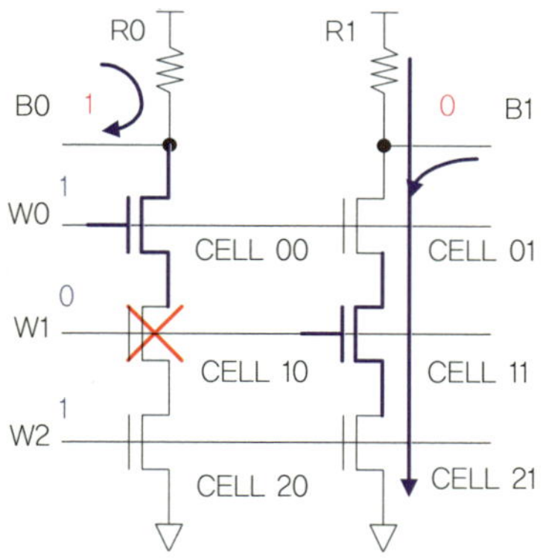

그림 12.15 데이터 읽기(W1 = 0일 때)

해 전달된 VDD가 그대로 B0으로 나와 1을 출력시킨다. 반면 CELL 11 문틱 전압이 −2.0볼트이어서 W1 = 0임에도 불구하고 온 된다. 따라서 B1 쪽은 CELL 01, CELL 11, CELL 21을 통해 VSS로 연결되어 출력 B1 = 0이 된다. 그런데 이 때 B1이 출력되는 시간은 CELL 01, CELL 11 그리고 CELL 21 등 세 개의 NMOS를 통과하는 시간만큼 소요된다. 여기서는 워드라인이 세 개뿐이지만 워드라인이 많아질수록 통과해야 하는 NMOS의 개수가 많아진다. 그래서 낸드 타입 롬은 출력이 나오는 반응속도가 노어 타입 롬보다 늦다.

낸드 타입 롬은 구조적으로 반응속도가 느리지만 없어지지 않고 존속되는 이유는 무엇일까? 그것은 레이아웃에서 작게 그릴 수 있기 때문이다. 즉 같은 면적에 더 많은 셀들을 집적시킬 수가 있다. 낸드 타입 롬이건 노어 타입 롬이건 어차피 셀 하나에 NMOS 하나 쓰기는 마찬가지인데 어떻게 레이아웃이 작아질까? 그것은 그림 12.16을 보면 된다.

(a)는 그림 12.13의 셀 여섯 개가 있는 낸드 타입 롬이고 (b)는 그림 12.10의 셀 네 개가 있는 노어 타입 롬이다. 둘 다 저항은 빼고 그린 것이다. 그림에서 보듯이 낸드 타입이 셀이 여섯 개로 노어 타입보다 50퍼센트나 셀이 더 많은데도 불구하고 레이아웃이 더 작게 완성되었다. 이유는 10장에서 설명한 디자인 룰 때문이다. 낸드 타입 (a)의 경우 고려해야 할 디자인 룰은 (1) 액티브 간의 간격 (2) 폴리 간의 간격 (3) 폴리의 폭, 이렇게 세 가지인데 반해 노어 타입 (b)의 경우는 (2)는 충분히 머니까 상관이 없고, (a)에서와 같이 (1), (3)을 지키는 것 외에도 (4) 컨텍의 폭 (5) 폴리와 컨텍 간의 거리 (6) 액티브가 컨텍을 감싸야 하는 최소 거리 (7) 메탈 1 간의 간격 등을 각 셀에서 지켜 주어야 하기 때문이다.

이렇게 된 근본적인 이유는 노어 타입은 병렬연결이어서 셀마다 컨텍이 두 개씩 들어가는데 반해, 낸드 타입에서는 직렬연결이기에 맨 위와 맨 아래의 셀에만 컨텍이 들어가고 중간에 위치한 셀 안에

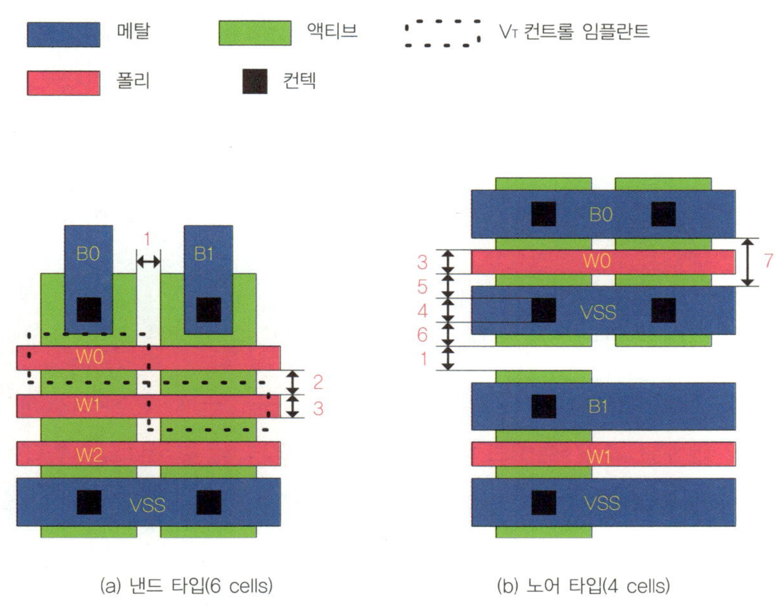

그림 12.16 롬 레이아웃

는 컨텍이 필요없기 때문이다.

이런 롬들은 전원이 꺼지면 당연히 동작이 되지 않지만, 다시 켜지면 데이터가 그대로 살아 있다. 전원이 꺼진다고 그림 12.10의 회로에서 있었던 NMOS가 사라지거나 없었던 NMOS가 생겨나지 않으니까…. 역시 그림 12.13과 같이 문턱 전압이 다른 NMOS가 전원이 꺼졌다 켜졌다고 보통 NMOS와 자리를 바꾸지 않을 테니, 전원이 꺼졌다 켜져도 데이터가 그대로 살아 있는 것이다. 이런 메모리를 데이터가 날아가지 않는다 하여 비휘발성 메모리(non-volatile memory)라 한다.

수천 년 된 함무라비 법전 같은 금석문은 그 새긴 돌이 깨지지만 않는다면 데이터가 그대로 남아 있듯이 이런 비휘발성 메모리들은 파괴되기 전까진 데이터를 그대로 간직하고 있다.

이 장에서 살펴본 롬은 노어 타입 롬에서처럼 NMOS를 그리고 말고 하거나, 낸드 타입 롬에서처럼 특별한 임플란트 레이어를 사용하거나 어쨌든 레이아웃에서 다루어야 하고 그것은 곧 마스크(mask)를 수정해야 한다는 의미다. 이렇게 마스크로 데이터를 정한다 하여 마스크 롬(mask ROM)이라 한다. 일반적으로 그냥 롬이라고 하면 이런 마스크 롬을 의미하고 다른 롬일 경우는 롬 앞에 다른 수식어가 붙는다.

광개토대왕비

금석문은 원칙적으로 그 글을 새긴 돌이 파괴되기 전까지는 그 내용을 그대로 간직하고 있으나, 광개토대왕비처럼 인위적으로 조작되거나 변조될 수도 있다.

원래 롬은 수정은 안 되고 읽기만 되는 메모리를 뜻하지만, 2장에서 반도체란 말이 물성적 의미에서 집적회로(IC)까지 의미하는 말로 어의 전성했듯이 ROM이란 말도 원래의 의미에서 어의 전성되어 요즘은 휘발성인 RAM에 대응되는 말로 전원을 꺼도 데이터가 날아가지 않는 비휘발성 메모리도 의미하게 되었다. 이런 메모리에는 이피롬(EPROM), 이스퀘어피롬(E²PROM) 플래시 메모리(flash memory) 등이 있다. 이런 메모리들은 이름에는 ROM이란 명칭이 들어가지만 사실은 쓰기도 가능하다.

먼저 EPROM(Electrically Programmable Read Only Memory)은 전기적으로 프로그램할 수 있는 즉, 데이터를 쓸 수 있는 ROM이란 뜻으로 EPROM은 셀은 한 개의 NMOS로 이루어져 있다. 이 NMOS는 외부에서 높은 전압(약 15볼트 이상)을 10밀리초(ms) 이상 길게 가하면 문턱 전압이 5볼트 이상으로 높아지는 특별한 NMOS이다. 그러니 1 즉, VDD가 들어와도 오프 되어 그림 12.12의 CELL 11처럼 마치 NMOS가 없는 것처럼 동작한다. 데이터를 지우는 것은 문턱 전압을 도로 보통의 NMOS보다도 낮은 약 −2볼트 정도로 되돌리는 것인데 자외선에 20여 분 쪼이면 그렇게 된다.

E^2PROM(Electrically Erasble Programmable Read Only Memory)은 EEPROM이라 표기하기도 하지만 E^2PROM이란 말을 더 많이 사용한다. 통상적으로 전자 공학에선 약자에서 같은 철자가 두 번 반복되면 제곱 표시를 한다. E^2PROM은 NMOS 두 개로 셀이 이루어져 있는데, 한 개는 보통의 NMOS, 다른 한 개는 높은 전압을 외부에서 가하면 문턱 전압을 5볼트 이상으로 올릴 수도, −2볼트 정도로 낮출 수도 있는 특별한 NMOS이다. 이런 성질을 이용하여 그림 12.12의 CELL 11과 같이 사용하거나 낸드 타입 롬에서 문턱 전압이 −2볼트 정도인 NMOS처럼 사용하여 데이터를 저장한다. E^2PROM은 문턱 전압을 전기적으로 높이거나 낮출 수 있어서 자외선을 쪼일 필요가 없다.

플래시 메모리는 EPROM과 E^2PROM의 장점을 따서 EPROM처럼 한 개의 NMOS로 셀을 구성한다. 또 E^2PROM처럼 자외선 없이 쓰고 지울 수 있게 특별한 NMOS를 사용한 메모리로 내부에서 높은 전압을 생성시키는 회로를 내장하고 있어서 사용자는 그냥 보통 VDD만을 입력으로 주기에 RAM처럼 읽고 쓰면 된다. 그러면서도 비휘발성 메모리라서 전원이 꺼져도 데이터를 잃지 않아 플로피 디스켓처럼 사용할 수 있다.

요즘에 플로피 디스켓을 대체한 메모리 스틱이 바로 이 플래시 메모리를 이용한 제품이다. 플래시 메모리에서 낸드 타입 플래시, 노어 타입 플래시 하는 것은 마스크 롬에서의 그것과 동일하다. 즉 그림 12.10의 CELL 11과 같은 역할을 하게 하기 위하여는 그 NMOS의 V_T를 약 5볼트 정도로 높여 놓으면 W1 = 1이 되어도 그 NMOS는 온 되지 않아 그림 12.10의 CELL 11과 같이 NMOS가 없는 것과 마찬가지 효과가 나타나고, 그림 12.13 CELL 00, CELL 11과 같은 역할을 하게 하기 위해서는 그 NMOS들의 V_T를 −2볼트 정도가 되게 전기적으로 조절해 놓으면 된다.

이런 EPROM, E^2PROM, 플레시 메모리는 마스크 ROM처럼 완전 영구적이지는 않고 수십 년 정도만 그 데이터를 잃어 버리지 않는 반 영구이다.

"디지털이란 무엇인가? 아날로그와 어떻게 다른가?"라는 질문에 요즘은 많은 사람들이 디지털은 최신 것, 정확한 것, 정밀한 것을 말하고 아날로그는 낡은 것, 부정확한 것, 덜 정밀한 것을 의미한다고 할 것이다.

과연 이런 생각들이 맞는지 살펴보자.

혹자는 최초의 디지털 통신을 모르스 부호라고 얘기하는데, 필자는 개인적으로 동의하지 않는다. 굳이 동의하라고 강압적으로 나오면 '최초로 2진수를 사용한 전기적 디지털 통신'이라고 바꾸어서 동의하겠다.

불꽃이나 연기로 통신하던 봉화는 고대부터 전 세계적으로 여러 민족이 사용했다. 일단 우리나라의 경우를 보면, 통일신라 시대부터 전국적인 봉수체계를 갖추었다. 그렇지만 백제 온조왕 때나 가야의

그림 **13.1** 조선시대의 봉수대(수원 화성 돈대)

수로왕 때도 봉화를 사용한 흔적들이 있다. 여기서는 그 체계가 현재까지 제대로 전해 내려온 조선시대의 봉수제도를 살펴보자.

조선시대 봉수대에는 봉화를 올리는 거화기가 다섯 기 설치되어 있다. 육지의 경우 평시에는 봉화를 한 개만 올리다가 적이 국경에 나타나면 두 개, 국경에 근접하면 세 개, 침입하면 네 개, 아군과 접전을 하면 다섯 개의 봉화를 올렸다. 이것이 바로 디지털이다. 봉수대의 거화기 1기가 1비트(bit)에 해당하는 비가중치(unweighted) 5비트 디지털이었다. 비가중치라는 말은, 만약 봉화 세 개를 올릴 때, 왼쪽부터 세 기의 거화기에 나란히 거화를 하든, 오른쪽부터 세 기의 거화기에 나란히 거화를 하든, 홀수번 째 거화기 세 기에 거화를 하든 모두 같은 뜻을 표현한다는 소리다.

많은 사람들이 '디지털＝2진수'라고 한다. 틀린 말은 아니나 그렇다고 꼭 맞는 말도 아니다. 디지털 공학은 처음부터 현재까지 2진수를 사용해 왔다. 그런데 엄밀하게 2진수라고 하면 자리수마다 가중치가 있는 것이다. 10진수에서 123이 왜 백이십삼인가? 아라비아 숫자는 0~9로 열 개밖에 없는데 어떻게 10을 초과하는 숫자를 표현할 수 있는가? 그것은 가중치를 두기 때문이다. 즉 123에서 3은 3이지만, 321에서 3은 3이 아닌 300이다. 즉

$$123 = 1 \times 10^2 + 2 \times 10^1 + 3 \times 10^0 = 1 \times 100 + 2 \times 10 + 3 \times 1$$

이기 때문이다. 2진수에서도 마찬가지다.

$$11100 = 1 \times 2^4 + 1 \times 2^3 + 1 \times 2^2 + 0 \times 2^1 + 0 \times 2^0$$
$$= 1 \times 16 + 1 \times 8 + 1 \times 4 + 0 \times 2 + 0 \times 1$$
$$= 28(10진수) \qquad \cdots (식 13.1)$$

$$00111 = 0 \times 2^4 + 0 \times 2^3 + 1 \times 2^2 + 1 \times 2^1 + 1 \times 2^0$$
$$= 0 \times 16 + 0 \times 8 + 1 \times 4 + 1 \times 2 + 1 \times 1$$
$$= 7(10진수) \qquad \cdots (식 13.2)$$

$$10101 = 1 \times 2^4 + 0 \times 2^3 + 1 \times 2^2 + 0 \times 2^1 + 1 \times 2^0$$
$$= 1 \times 16 + 0 \times 8 + 1 \times 4 + 0 \times 2 + 1 \times 1$$
$$= 21(10진수) \qquad \cdots (식 13.3)$$

그런데 가중치가 없다면,

$$11100 = 1 \times 1 + 1 \times 1 + 1 \times 1 + 0 \times 1 + 0 \times 1$$
$$= 1 + 1 + 1 + 0 + 0 = 3(10진수) \qquad \cdots (식 13.4)$$

$$00111 = 0 \times 1 + 0 \times 1 + 1 \times 1 + 1 \times 1 + 1 \times 1$$
$$= 0 + 0 + 1 + 1 + 1 = 3(10진수) \qquad \cdots (식 13.5)$$

$$10101 = 1 \times 1 + 0 \times 1 + 1 \times 1 + 0 \times 1 + 1 \times 1$$
$$= 1 + 0 + 1 + 0 + 1 = 3(10진수) \qquad \cdots (식 13.6)$$

조선시대 봉수제도는 식 13.1~13.3이 아니라, 식 13.4~13.6에 해당한다. 2진수가 아니다. 그러나 현재 이런 가중치 없이 단지 1이 몇 개냐, 혹은 0이 몇 개냐만 따지는 복호화기(decoder)가 있다. 1을 수은 기둥으로 본다면 온도계의 눈금처럼 눈금 칸에 가중치가 없이 단지 1의 개수만을 따진다 하여 온도계형 복호화기(thermometer decoder)라는 것이 있는데 그것이 어떻게 동작하는지 여기서는 중요하지 않다. 어쨌든 그런 온도계형 복호화기는 9장에서 소개한 기본 디지털 게이트들로 회로가 꾸며지고 모두들 그 회로를 아날로그 회로라 하지 않고 디지털 회로라 한다. 즉 조선시대 봉수제도는 2진수를 사용하지는 않았지만 여전히 디지털 통신이다. 디지털은 대체로 2진수를 사용하지만, 경우에 따라서는 2진수의 수체계(가중치)를 따르지 않고 그 숫자 자체만 따라도 디지털이라 한다. 마치 영어를 쓰지는 않되 영어의 알파벳은 따다가 사용하는 것으로 생각하면 된다. 그러니까 '디지털=2진수'라는 말이 대체로 맞기는 하지만, 항상 맞는 것은 아니다. 차라리 '디지털=스위치' 혹은 '디지털=온/오프'라는 말이 보다 더 정확하다고 하겠다.

디지털은 정확하다

그림 13.2의 녹색 막대의 길이를 바르게 적은 것은 다음 중 어느 것인가?

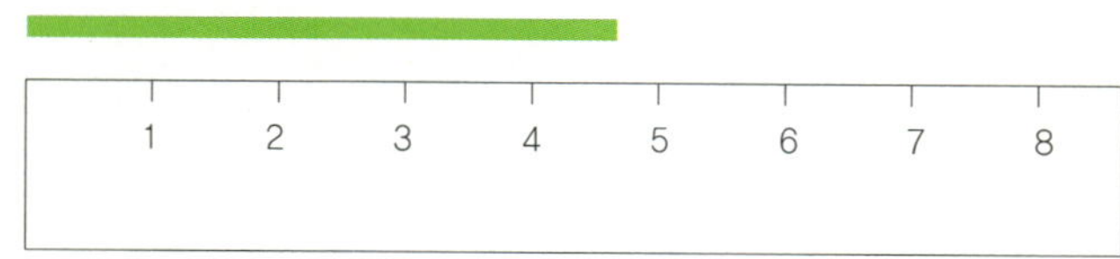

그림 13.2 녹색 막대의 길이

(a) 4 (b) 4.5 (c) 4.7 (d) 5

일단 아래 글을 손으로 가리고 정말로 문제를 풀어 보면 흥미가 더할 것이다. 마음을 정하기 전까지는 여기부터 손으로 가리기 바란다. 정했으면 손을 떼라.

어느 것이 답이라고 생각했는가?

(b) 4.5 아니면 (c) 4.7이라고? 정답은 (d) 5이다.

그럴 리 없다고? 돋보기로 자세히 보라고? 인쇄가 잘못된 것 아니냐고? 아니다. 답은 (d) 5이다. 모든 자연과학이나 공학에서는 측정계기의 해상도(resolution)보다 더 측정해서는 안 된다. 그림 13.2

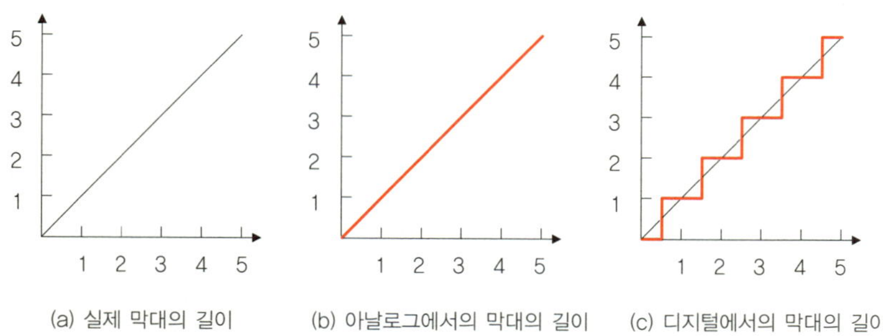

그림 13.3 아날로그와 디지털에서의 표현 방법

의 자는 눈금이 1단위로 되어 있다. 즉 해상도가 1이지 0.5나 0.1이 아니다. 따라서 더 정밀하게 측정하려면 더 정밀한 자를 가져다가 측정해야 한다. 이것은 디지털이란 말이 생기기 훨씬 전에 이미 과학자들이 실험 데이터를 채취할 때 사용해 왔다. 이것이 디지털이다. 정답이 5라면 정말 막대의 길이가 5인가? 아니다. 디지털은 사실과 같지 않다.

그림 13.3을 보면서 디지털과 아날로그의 차이를 좀 더 살펴보면 (a)는 실제 막대의 길이다. (b)는 아날로그에서 막대의 길이를 재는 방법이다. 막대의 길이를 그대로 잰다. (c)는 디지털에서 막대의 길이를 재는 방법이다. (c)를 전자공학에서는 양자화(quantization)라고 하는데 대표값을 구하는 것으로 보면 된다. 즉 길이가 0.5 미만은 모두 0으로, 0.5 이상 1.5 미만은 모두 1로, 1.5 이상 2.5 미만은 모두 2로 표시하는 식이다. 그래서 실제 막대의 길이가 0.7인 것도 1로, 실제 길이가 1.4인 막대도 길이가 0.7인 것의 두 배나 되지만 역시 1로 표시한다. 그래서 길이 0.7인 막대는 +0.3인 오차(error)를, 길이 1.4인 막대는 −0.4의 오차를 가진다. 전자공학에서는 이것을 양자화 과정에서 생기는 오차라 하여 양자화 오차(quantization error)라고 한다. 디지털은 사실을 왜곡시킨다. 즉 정확하지 않다. 정확하기는 아날로그가 더 정확하다. 측정하는 사람의 시력에 따라 조금 차이가 있을 수는 있지만 아날로그에서는 길이가 0.7인 막대와 1.4인 막대를 최소한 같이 취급하지는 않는다.

그런데 왜 다들 디지털이 정확하다고 하는 것일까? 하물며 유명

245

한 전자공학과 교수님들조차도?

다시 조선시대 봉수제도로 돌아가 보자. 봉화 세 개를 올리면 적이 근접한다는 의미인데 적이 100리 밖에 왔는지, 10리 밖에 왔는지 알 길이 없다. 그렇다면 봉화를 개수로 표현하지 말고 봉화의 폭으로 표현을 하면 어떨까? 즉 평상시나 100리보다 멀리 근접하면 1미터 폭으로 봉화를 올리고, 그 거리에 반비례하여 국경을 침입하면 11미터 폭으로 표현하는 것이다. 즉 70리까지 근접하면 4미터 폭의 봉화를 올리고, 35리까지 근접했으면 7.5미터 폭의 봉화를 올리는 것이다. 이러면 훨씬 더 정확하게 정보를 보낼 수 있지 않은가? 이것이 아날로그이다.

그러면 국경의 봉수군이 적이 35리까지 도달한 것을 확인하고 7.5미터 폭의 봉화를 올렸다고 하자. 그런데 그 다음 봉수대에서 그 봉화의 폭이 7.5미터인지 어떻게 알 수 있을까? 봉수대 간의 거리에 따라 개인의 성향에 따라 다르게 판단할 것이다. 그래서 두 번째 봉수대에서는 7미터 폭의 봉화로 인식하고 7미터 폭의 봉화를 올렸다. 세 번째 봉수대에서는 6.5미터 폭의 봉화를, 네 번째 봉수대에서는 6.0미터, …. 이런 식으로 목멱산(지금의 남산) 봉수대까지 도달하면 1미터 폭의 봉화 즉, 평상시의 봉화가 오를 것이다. 국경에서는 적이 35리까지 근접하여 난리가 났는데, 중앙에서는 국경이 평안한 것으로 판단할 수도 있는 것이다.

반면 실제로 조선시대처럼 봉화의 개수로 표현을 했다면 다음 봉수대에서 이전 봉화가 쥐꼬리처럼 가늘게 보였건, 코끼리 다리만큼 두껍게 보였건 세 개의 봉화는 계속 세 개로 전달되어 목멱산 봉수대에 이르러 중앙에서도 적이 얼마나 근접했는지는 모르겠지만, 아무튼 적이 국경으로 접근하고 있는 비상 사태임을 인지할 것이다. 그래서 디지털이 정확하다는 것이다. 비록 사실과 오차가 있기는 하지만 일단 디지털화(양자화)된 데이터는 저장이나 전달시에 더 이상 오차가 생기지 않기 때문에 정확하다는 것이다.

그래도 디지털이 더 정밀하다고 하는데….

조선시대 봉수제도는 고려시대 봉수제도를 이어받기는 했지만 거화기의 개수를 고려시대의 4기에서 5기로 늘렸다. 고려시대의 봉수제도를 정확히는 모르겠지만, 어쨌든 조선시대의 거화기가 하나 더 있으니 뭔가 정보를 세밀하게 보낼 수 있었을 것이다. 예를 들어 고려시대 때는 평시에 한 개, 적이 출현하거나 국경에 근접하면 두 개, 국경을 넘으면 세 개, 접전을 하면 네 개를 올렸다면 고려시대의 봉화 두 개는 적이 출현했다는 소리인지, 국경으로 이동해 오고 있다는 소리인지를 구분할 수 없었을 것이다.

디지털에서 정밀도를 높이기 위해서는 거화기의 개수 즉, 비트 수를 늘려야 한다. 여기 10센티미터까지 잴 수 있는 자가 있다고 하자. 눈금을 2비트를 사용해 매겼다면 $2^2 = 4$ 즉, $10cm/4 = 2.5cm$이므로 눈금 간격이 2.5센티미터인 자가 되었을 것이다. 다들 이 자를 정밀한 자라고 말하지 않을 것이다. 그러나 8비트를 사용해 눈금을 매겼다면 $2^8 = 256$ 즉, $10cm/256 = $ 약 $0.04cm$ 다시 말해 0.4밀리미터 간격으로 눈금이 새겨진 것이다. 보통의 자들이 1밀리미터 간격의 눈금을 사용하고, 사람이 맨눈으로 0.1밀리미터까지 식별할 수 있으니 8비트를 사용해 눈금을 새긴 자는 다들 정밀한 자라고 말할 것이다. 하물며 10비트를 사용했다면 혀를 내두르거나 누가 자에다 색칠을 했다고 할 것이다.

이렇게 요즘 디지털에서는 사람이 인식하지 못할 만큼 충분한 비트 수를 할당하기에 사람들은 정밀하게 느끼는 것이다. 이렇게 충분한 비트 수를 할당하려면 회로가 복잡해지고 커진다. 거화기가 네 기였던 고려시대의 봉수대보다 다섯 기를 사용한 조선시대 봉수대는 규모도 커지고 관리하기도 어려웠을 것이다.

즉 디지털이라는 용어 자체는 생긴 지 기껏해야 50여 년밖에 되지 않았지만 수천 년 전인 고대시대부터 디지털과 아날로그는 공존했고, 2진수를 사용한다기보다는 2진수의 숫자 자체를 사용하는 온/오프만 따지는 것이며, 디지털은 근본적으로 실제와 오차가 있지만 그래도 충분한 비트 수를 할당하여 사람들이 정확하고 정밀하게 느끼게끔 속임수(?)를 쓰는 것이다.

14장에서 다룰 내용은 이 책에서 가장 난이도가 높은 내용이 될 것이다. 고전물리학도 아닌 현대물리학의 양자이론인데, 어떻게 발음하는지도 모를 수많은 기호와 수십 번 써 봐야 겨우 외울 수 있는 길고 복잡한 수식은 대학에서 다룰 것이고, 여기서는 고등학교 과학 지식의 수준으로 풀어서 설명해 보겠다.

이 장은 굳이 모든 독자들이 이해할 필요는 없다. 이제까지 몰라도 벌써 이 책이 거의 다 끝나가고 있지 않은가? 단지 2장에서 2퍼센트 부족함을 느낀 독자들, 그리고 현재 반도체 관련 업무에 종사하는 독자들은 한번 읽어 보길 바란다.

원자의 구조는 우리가 중고등학교 과학에서 배웠듯이 핵이 있고 그 핵 주위를 일정한 궤도를 가진 전자들이 돌고 있다. 마치 태양 주위를 아홉 개의 행성이 돌고 있듯이 말이다. 핵 주위를 도는 전자의 개수는 원자번호만큼 존재하며, 전자는 음의 전기를 띠고 있다. 이런 음의 전기 혹은 양의 전기를 띠고 있는 입자를 전하라고 한다. 그림 14.1은 원자의 구조를 나타낸다.

핵에 가까운 순서부터 K각, L각, M각, N각, … 이런 식으로 붙고, 각각의 각마다 존재할 수 있는 전자의 개수가 정해져 있다. 그런데

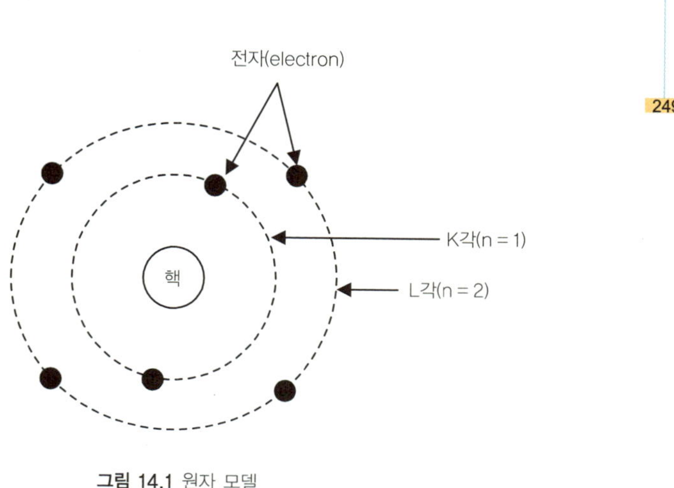

그림 14.1 원자 모델

이 각(shell)들을 좀 더 세밀하게 보면 표 14.1에서와 같이 s, p, d, f, … 등으로 구분되어 있다.

K각(n = 1)에는 l = 0 즉, s밖에 없고 전자가 최대 두 개까지 위치할 수 있다. L각(n = 2)의 l = 0에는 전자가 최대 두 개, l = 1에는 최대 여섯 개 도합 여덟 개의 전자가 위치할 수 있으며, M각(n = 3)에는 l = 0에 두 개, l = 1에 여섯 개, l = 2에 열 개 도합 열여덟 개의 전자가 위치할 수 있다. 또한 표 14.1의 기호들을 이용하여 전자 배치를 좀 더 정밀하게 표현할 수 있는데, 예를 들어 원자번호 14인 실리콘의

각(shell)	K	L		M		
n	1	2		3		
l	0	0	1	0	1	2
전자의 명칭	s	s	p	s	p	d
최대 허용 전자 수	2	2	6	2	6	10

표 14.1 원자궤도와 최대 허용 전자의 개수

경우는 1s²2s²2p⁶3s²3p²로 표시한다. 이는 전자들이 K각 s에 두 개, L각 s에 두 개, L각 p에 여섯 개, M각 s에 두 개, M각 p에 두 개가 존재한다는 의미다. 마찬가지로 불순물로 많이 사용되는 붕소(B)와 인(P)의 전자 배열은 표 14.2와 같다.

"물은 높은 곳에서 낮은 곳으로 흐른다." 아주 당연한 이치다. 이것을 과학 용어를 사용해서 표현하면 다음과 같다. "높은 곳의 물은 위치 에너지를 방출하여 위치 에너지가 낮은 곳으로 이동한다." 에너지가 높은 상태는 불안정한 상태이고, 에너지가 낮은 상태는 안정한 상태이다. 자연의 모든 현상은 불안정 상태에서 안정 상태로 변하려는 속성이 있다.

표 14.2에서 보듯이 실리콘(Si)에는 열네 개의 전자가 있는데, 그 분포가 1S²2S²2P⁶3S²3P²이다. 그런데 표 14.1에서 보듯이 M각의 3s3p

각(Shell)	원자	K	L		M			기 호
n	번호	1	2		3			
l		0	0	1	0	1	2	
전자의 명칭		s	s	p	s	p	d	
최대 허용 전자 수		2	2	6	2	6	10	
B	5	2	2	1				$1s^22s^22p^1$
Ne	10	2	2	6				$1s^22s^22p^6$
Si	14	2	2	6	2	2		$1s^22s^22p^63s^23p^2$
P	15	2	2	6	2	3		$1s^22s^22p^63s^23p^3$
Ar	18	2	2	6	2	6		$1s^22s^22p^63s^23p^6$

표 14.2 몇 가지 원소들의 전자 배열

에는 여덟 개(3s에 두 개, 3p에 여섯 개)의 전자가 위치할 수 있다. 바꾸어 말하면 3s3p에 네 개의 원자가 있는 것보다는 차라리 네 개의 전자를 모두 잃어 버리고 1s2s2p에만 열 개의 전자가 존재하는 네온(Ne)과 같은 구조를 갖거나, 아니면 네 개의 전자를 어디선가 얻어서 3s3p에 여덟 개의 전자가 존재하는 아르곤(Ar)과 같은 구조를 갖는 것이 더 안정적이라는 의미다(표 14.2 참조).

자연 현상은 언제나 불안정 상태에서 안정 상태로 가려고 한다는 점을 잊지 말자. 실리콘은 상온에서 고체 상태이다. 고체 상태를 유지할 만큼 원자 간의 거리가 가깝다는 것이다. 순수 실리콘에서 실리콘 주위의 원자는 모두 실리콘뿐이다. 그림 14.2에서처럼 자기 주위의 네 개의 실리콘 원자들과 전자를 공유하면 각각의 원자들이 마치 3s3p에 여덟 개의 전자를 가지고 있는 것과 마찬가지 효과가 나타나게 된다.

그림 14.2에서 실리콘 원자 A는 3s3p에 네 개의 전자가 있는데 그것들은 실선으로 표시했다. 그림 14.2에서처럼 A는 자기가 가지고 있는 전자 네 개를 주위의 다른 원자 네 개에게 각각 하나씩 빌려 주고 또 주위의 네 개의 원자에서 원자당 한 개씩의 전자를 빌려 온다. 그리고 서로 빌려 주고 빌려 온 전자들을 각각이 소유하는 것이 아니라 서로 공유하는 것이다. 그렇게 되면 원자 각각의 입장에서 보면 마치 최외각 3s3p에 여덟 개의 전자가 있는 것과 마찬가지가 되어 안정 상태를 찾게 되는 것이다.

이것이 절대온도 0도(0K)에서의 실리콘의 결정 구조다. 그림 14.2

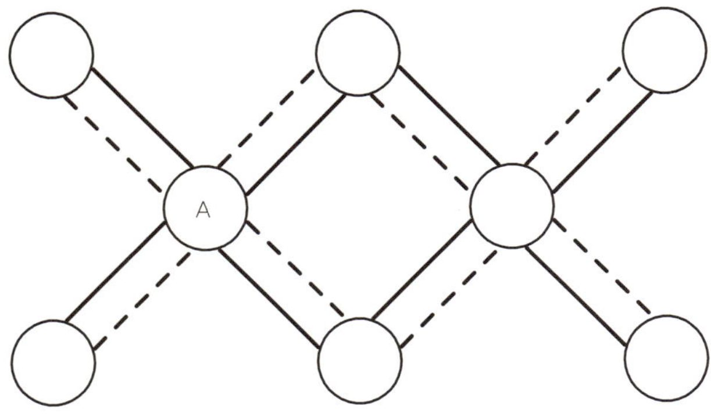

그림 14.2 절대온도 0도에서 순수 실리콘 결정의 원자 간 공유 결합(covalent bonding)

에서 보듯이 전자가 모두 주변의 원자들에게 공유되어 자유전자가 하나도 존재하지 않는다. 이 상태에서는 전류가 흐르지 않는다. 여기서 최외각 전자들만 다루는 이유는 내부 궤도에 존재하는 전자들은 원자핵에 가깝게 존재하고, 따라서 그 소속된 원자에 강하게 종속되어 다른 원자의 영향을 상대적으로 아주 적게 받기 때문이다.

바다에는 밀물과 썰물이 있다. 바다는 지구에 속해 있지만 달의 중력에도 영향을 받는다. 그건 달의 중력의 크기에 비해 지구와 달이 그만큼 근접해 있다는 의미다. 따라서 어찌 보면 지구의 바다는 지구와 달이 공유하고 있다고 볼 수도 있다. 지구상에 사는 우리는 지구 중력에 영향을 받고 있다. 그런데 달 탐사선이 지구를 떠나 달로 가면 지구 중력보다 달의 중력에 더 영향을 받는다. 아무리 달의 중력이 지구 중력의 1/6밖에 되지 않는다 하여도 달 가까이 가면 지구 중력보다 달의 중력에 더 영향을 받는다.

그렇다면 지구를 떠나 달로 향하는 탐사선이 어느 지점에선가는 달과 지구 중력의 영향을 각각 절반씩 받는 지점이 있지 않을까? 이 때 다른 별들의 중력을 고려하지 않으면 전혀 중력이 없는 무중력 상태가 존재하지 않을까? 분명 그런 지점이 있을 것이다. 지구가 끌어당기는 힘과 달이 끌어당기는 힘이 똑같은 지점에 엔진을 끈 상태의 달 탐사선이 정지해 있다면 그 때는 아주 작은 힘으로 그 탐사선의 진로를 바꿀 수 있을 것이다. 지구 쪽으로 약간 힘을 가하면 다시 지구로 돌아올 것이고, 달 쪽으로 힘을 약간 가하면 달 쪽으로 움직일 것이다. 그 힘을 지구나 달 쪽이 아닌 달과 지구를 연결하는 직선의 90도 방향으로 가하면 그 탐사선은 지구로 돌아오지도 않고, 달로도 가지 않으며 우주 저편으로 쉽게 밀려나갈 것이다. 달 탐사선이 몇 톤이나 되는지 모르겠지만 어쨌든 이 때 필요한 힘은 지구에서 그 달 탐사선을 밀거나 끄는 힘에 비하면 아주 작은 힘이다. 그야말로 젖먹이 어린아이만큼의 힘으로 몇 톤이나 되는 탐사선을 우주로 밀어 버리는 것은 그 탐사선이 지구 중력에 절대적으로 영향을 받는 지구상에서는 상상할 수 없는 일이다.

실리콘 결정의 공유된 전자들도 이 탐사선의 경우와 비슷하다. 실리콘 원자의 최외각에 존재하는 전자들은 두 개의 실리콘 원자핵의 영향을 동시에 받는다. 이 때 약간의 에너지를 받게 되면 그림 14.3에서처럼 두 개의 원자핵의 영향을 받고 있던 전자가 영향권 밖으로 뛰쳐나갈 수 있게 된다. 이렇게 어떤 원자핵의 영향도 받지 않게 된 전자가 자유전자(free electron)다. 전자 한 개가 원자의 전자 궤도에서 이탈하게 되면 3s3p에 전자가 여덟 개가 아닌 일곱 개가 존재하는 것이 되어 불안정한 상태다. 안정 상태로 되돌아가기 위해서는 주위에서 전자 한 개를 다시 공급 받아야 한다.

즉 전자 하나가 들어올 '여지', '공간'이 있는 것이다. 이 '공간'은 전자가 들어오면 없어진다. 이는 음의 전기를 띤 전자를 끌어 당기는 것처럼 보이고 또 실제로 전자가 들어와서 그 공간을 채우면 사라져 전자가 가진 음의 전하와 동일한 양의 전하를 띤 입자로 취급할 수 있다. 그 양전하를 홀(hole)이라 하고 양전하이므로 +를 사용하여 h+로 표시하고 전자(electron)는 음전하이므로 −를 사용하여 e−로 표시한다. 이 홀은 실제 존재하는 입자가 아니라 전자가 채워질 수 있는 '공간'을 가상적 입자로 표현한 '모델(model)'이다.

절대 온도 0도는 섭씨 영하 273이다. 따라서 상온에서 실리콘은 이미 자유전자가 발생할 수 있는 충분한 열 에너지를 받았다는 것이

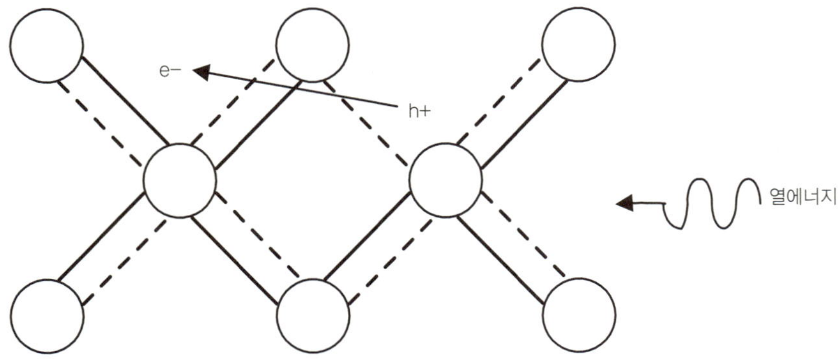

그림 14.3 EHP의 발생

다. 여기서 보듯이 열 에너지에 의해 발생된 자유전자의 개수와 같은 수의 홀이 발생한다는 점을 기억해 두자. 언제나 전자와 홀이 쌍으로 발생되기에 이를 EHP(Electron Hole Pair)라 한다. 그리고 이렇게 자유전자가 발생된 실리콘의 원자는 비록 전자는 한 개 잃었지만 원자핵 자체는 본래의 실리콘 원자핵 구조를 그대로 가지고 있으므로 핵분열은 아니니 크게 걱정하지 않아도 된다.

이렇게 발생된 자유전자는 실리콘 결정 속을 자유롭게 여행하다가 다른 자유전자가 발생한 자리 즉, 홀을 만나게 되면 그 자리를 채우게 되고 그 순간 사라진다. 따라서 자유전자와 홀은 에너지를 받아 발생했다가 자유전자와 홀이 만나면 다시 사라진다. 이 때 발생하는 자유전자와 홀의 개수는 물질에 따라 다르고 온도에 따라 달라진다. 이렇게 자유전자가 발생할 수 있는 에너지를 밴드 갭 에너지(band gap energy)라 하고 그 값은 물질에 따라 다르다.

반도체와 부도체를 구분 짓는 것이 바로 이 밴드 갭 에너지다. 부도체의 밴드 갭 에너지는 반도체의 밴드 갭 에너지보다 훨씬 크다. 그래서 상온에서 밴드 갭 에너지가 상대적으로 작은 반도체의 자유전자의 개수가 부도체의 자유전자 개수보다 많은 것이다.

2장에서 이미 언급했듯이 이렇게 열 에너지에 의해 발생된 자유전자의 개수는 극히 소량의 전류만을 흐르게 할 수 있을 뿐이고, 온도에 의존적이므로 사람이 인위적으로 통제하려면 매우 불편하다. 따라서 우리가 필요로 하는 충분한 개수의 자유전자를 확보하고 그 개수를 통제하기 위해 순수 실리콘에 불순물을 주입(doping)시킨다.

표 14.3에서 보듯이 실리콘은 IV족 원소이다. 즉 최외각 전자의 개수가 네 개라는 의미다. 규소에 양전하를 위한 불순물로는 III족의 붕소(B), 가륨(Ga)을 주로 사용하고, 음전하를 위한 불순물로는 V족의 인(P), 비소(As)를 주로 사용한다. III족 원소들은 최외각 전자의 개수가 세 개, V족 원소들은 다섯 개 존재한다.

먼저 III족의 붕소를 주입했을 경우를 생각해 보자. 붕소는 최외각 전자가 세 개이다. 따라서 주변의 네 개의 규소 원자 중에서 세 개의 실리콘 원자와는 전자를 한 개씩 주고 받아서 서로 두 개씩의 전자를 공유할 수 있지만, 나머지 한 개의 실리콘 원자에게는 나누어 줄 전자가 모자란다. 즉 전자 한 개가 부족하여 전자 한 개가 들어올 '여지', '공간'이 있다. 그 말은 홀이 발생했다는 의미다.

그림 14.4에서 보면 홀만 발생되었다. 그림 14.3에서처럼 전자와 홀이 동시에 같이 발생한 것이 아니다. 따라서 붕소처럼 III족 불순물을 주입하면 홀이 생겨 양의 전기를 띠게 된다. 그래서 이렇게 III

I	II	III	IV	V	VI	VII	VIII
3 Li	4 Be	5 B	6 C	7 N	8 O	9 F	6 Ne
11 Na	12 Mg	13 Al	14 Si	15 P	16 S	17 Cl	18 Ar
19 K	20 Ca	31 Ga	32 Ge	33 As	34 Se	35 Br	36 Kr
37 Rb	38 Sr	49 In	49 In	51 Sb	52 Te	53 I	54 Xe

표 14.3 실리콘 반도체에서 사용하는 불순물의 원자 주기율표 상의 위치

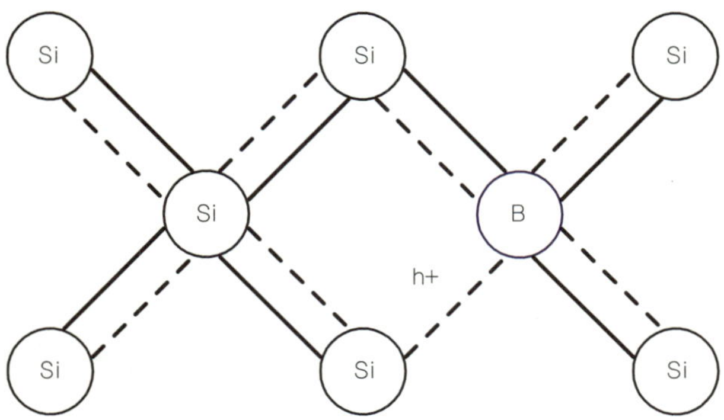

그림 14.4 순수 실리콘에 붕소를 주입했을 때 홀의 발생

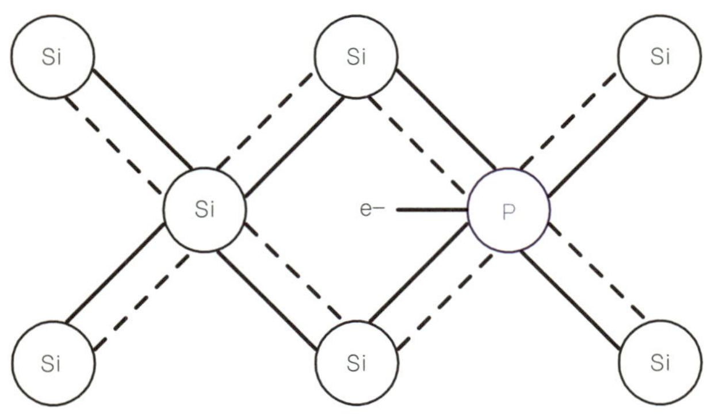

그림 14.5 순수 실리콘에 인을 주입했을 때 전자의 발생

족 불순물을 주입한 반도체를 p-type 반도체 그리고 그 불순물을 p-type 불순물이라고 한다. 그림 14.4는 불순물 주입에 의해 발생된 효과만을 나타낸 것이기에 홀만 존재하는 것처럼 보이지만, 여전히 그림 14.3에서처럼 열 에너지에 의해 발생된 EHP는 존재한다. 그러나 그 열에너지에 의해 발생된 자유전자와 홀의 개수는 서로 같아 합해 보면 전기적으로 중성이고, 이 불순물 주입에 따른 홀에 의해서 생

겨난 양의 전기만큼만 효과가 있어서 전기적으로 양성인 p-type이라 한다.

이번에는 V족 원소인 인을 실리콘에 주입하면 어떻게 될까? 인은 최외각 전자가 다섯 개이다. 따라서 그림 14.5에서처럼 주위의 네 개의 실리콘 원자들과 자기가 가지고 있는 네 개의 전자를 공유하고도 한 개의 전자가 남는다. 이 전자는 어느 원자에도 구속되지 않고 자유롭게 이동할 수 있는 자유전자가 된다. 이와 같이 실리콘에 V족 원소를 불순물로 주입하면 그 실리콘은 음의 전하를 띠고 그래서 n-type 반도체, 그 불순물을 n-type 불순물이라고 표시한다.

FAB 사업이란 무엇인가?

반도체 사업에는 웨이퍼(wafer) 자체를 생산하는 웨이퍼 산업이 있고, 웨이퍼를 자재로 사용하여 이 책에서 설명한 회로를 설계하고 제조를 하는 웨이퍼 가공 산업, FAB(fabrication) 사업이 있다. 또한 가공된 웨이퍼를 가져다가 다이(die)로 잘라서 습기나 압력에 보호받게 플라스틱이나 세라믹으로 포장(package)하는 어셈블리(assembly, 반도체 조립) 사업이 있다. 웨이퍼를 가공하는 제조 라인을 FAB라고도 한다. 그 외에 반도체 장비 산업, 반도체 테스트 산업, 마스크 제작 산업 등이 있다.

파운드리(foundry) 사업이란 무엇인가?

반도체 생산 라인(FAB)을 하나 건설하는 데는 약 2조 원 가량이 소요된다. 그 정도를 투자할 회사는 많지 않다. 그에 비해 설계회사는 장비집약적이지 않아서 설계만 전문적으로 하는 회사들이 많이 있다. 이런 회사들을 팹리스 컴퍼니(fabless company)라 하는데, 이런 회사들로부터 물량을 수주해 그 설계된 반도체를 제조해 주는 사업을 말한다. 즉 설계 자체는 자신이 하지 않고 제조만 전담하여 행하는 사업으로 대만의 TSMC, UMC, 싱가폴의 채터드 세미컨덕터(Chatered Semiconductor) 그리고 우리나라의 동부반도체가 파운드리 전문 회사이고, 종합 반도체 회사에서도 자체 물량만으로 남는 생산 여력을 이용하여 이런 사업을 한다.

반도체 조립 사업이란 무엇인가?

7장 중 '반도체 포장' 참조.

왜 DRAM은 SRAM에 비하여 집적도가 높은가?

DRAM은 메모리 셀이 NMOS 한 개와 캐패시터 하나로 이루어진 반면 SRAM은 두 개의 PMOS, 네 개의 NMOS로 구성되어서 한 개의 셀을 구현하는 데 약 네 배 정도의 면적이 필요하기 때문이다(12장 중 '더러운 추억', '깔끔한 추억' 참조).

전원이 꺼져도 데이터를 잃지 않는 반도체 메모리는 플래시 메모리뿐인가?

전원이 꺼졌을 때 데이터를 손실하는 DRAM, SRAM과 같은 메모리를 휘발성 메모리(volatile memory), 전원이 꺼져도 데이터를 잃지 않는 메모리를 비휘발성 메모리(non-volatile memory)라 한다고 했다. 비휘발성 메모리에는 역사순으로 ROM(Read Only Memoey), EPROM(Electrical Programmable Read Only Memory), EEPROM(electrically erasable and programmable read only memory), 그리고 요즘의 플래시 메모리가 있다. ROM 셀은 MOS 한 개로 구성되며 반도체 회사에서 마스크로 프로그램할 수 있고 데이터의 수정이 불가능하다. EPROM은 데이터를 쓰는 것은 전기적으로 가능하나 지우는 것은 자외선에 약 20여 분 간 노출시켜야 하는 불편함이 있다. 따라서 패키지(package)에 자외선을 쪼일 창(window)이 있다. 셀은 MOS 한 개로 구성된다. EEPROM은 데이터의 쓰기와 지우기가 전기적으로 가능하여 약 10밀리초 정도면 가능하다. 셀은 두 개의 MOS로 구성된다. 플래시 메모리는 EPROM과 EEPROM의 장점을 모은 것으로 셀은 한 개의 MOS로 구성되어 있으면서 쓰기와 지우기가 전기적으로 가능하다(12장 중 '광개토왕비' 참조).

왜 새로운 반도체일수록 전력 소모가 적은가?

전력은 전류 곱하기 전압이다. 그런데 반도체 기술이 점점 더 작은 디자인 룰을 사용하면서 그 작은 디자인 룰에도 MOS들이 견디려면 보다 낮은 전압을 사용해야 한다. 즉 동작 전압이 낮아져서 소비 전력이 줄어드는 것이다.

참고문헌

1. DeWitt G. Ong, *Mordern MOS Technology*, McGraw-Hill, 1984.

2. Ben G. Streetman, *Solid State Electronic Devices*, 2nd edition, Prentice-Hall, 1980.

3. Neil Weste, Kamran Eshraghian, *Principles of CMOS VLSI Design*, Addison-Wesley Publishing Company, 1985.

4. 김봉렬, 「전자재료」, 한신문화사, 1982.

반도체 제대로 이해하기

초판   1쇄 발행 2005년 10월 20일
초판 16쇄 발행 2025년   7월 10일

지은이 강구창
펴낸이 이원중

펴낸곳 지성사 **출판등록일** 1993년 12월 9일 **등록번호** 제10-916호
주소 (03458) 서울시 은평구 진흥로 68, 2층
전화 (02) 335-5494 **팩스** (02) 335-5496
홈페이지 www.jisungsa.co.kr **이메일** jisungsa@hanmail.net

ⓒ 강구창 2005

ISBN 978-89-7889-124-0 (03560)